一人餐桌

從主餐到配菜，
72道一人份剛剛好的省時料理

電冰箱／著

一人餐桌

從主餐到配菜，72道一人份剛剛好的省時料理

國家圖書館出版品預行編目(CIP)資料

一人餐桌：從主餐到配菜,72道一人份剛剛好的省時料理 / 電冰箱著. -- 初版. -- 臺北市：橘子文化, 2018.06
面； 公分

ISBN 978-986-364-122-3(平裝)
1 食譜

427.1 107007955

作　　者　電冰箱
編　　輯　鄭婷尹
校　　對　鄭婷尹、林憶欣
美術設計　曹文甄

發 行 人　程安琪
總 策 畫　程顯灝
總 編 輯　呂增娣
編　　輯　吳雅芳、簡語謙
　　　　　洪瑋其、藍匀廷
美術主編　劉錦堂
美術編輯　吳靖玟、劉庭安
行銷總監　呂增慧
資深行銷　吳孟蓉
行銷企劃　羅詠馨

發 行 部　侯莉莉
財 務 部　許麗娟、陳美齡
印　　務　許丁財
出 版 者　橘子文化事業有限公司

總 代 理　三友圖書有限公司
地　　址　106台北市安和路2段213號4樓
電　　話　(02) 2377-4155
傳　　真　(02) 2377-4355
E-mail　service@sanyau.com.tw
郵政劃撥　05844889 三友圖書有限公司

總 經 銷　大和書報圖書股份有限公司
地　　址　新北市新莊區五工五路 2 號
電　　話　(02) 8990-2588
傳　　真　(02) 2299-7900

製版印刷　鴻嘉彩藝印刷股份有限公司

初　　版　2018年6月
一版二刷　2020年8月
定　　價　新台幣350元
ＩＳＢＮ　978-986-364-122-3(平裝)

本書特別感謝「僑俐餐具」提供餐具供食譜拍攝使用

獻給在天國的母親

推薦序

電冰箱怎麼學會做菜的，如今還是個謎

有一位勤奮向學、不怎麼做飯的媽，意味著家裡的廚房誰都可以來一展身手，就算有時只是瞎弄，也沒人在旁邊虎視眈眈怕你搞破壞，可以盡情自由發揮，做出來的是美果大家品嘗，苦果自己吞就是了……

我和我弟電冰箱就是這樣在廚房裏轉悠轉悠著長大的，絕少合作，每個人都想當大廚，不需人打下手。我還算有奶奶手把手從洗菜、切菜、起油鍋教過基本步驟，但電冰箱怎麼學會做菜的，如今還是一個謎。

不過可以確定的是，對食物多樣性的接觸，他很早就比我先開始了。在我還只能接受基本台菜口味，聞到壽司的醋飯總覺直沖腦門地刺鼻，頭搖得像波浪鼓打死不吃一口的時候，小電冰箱早就開心地吞下壽司，並無視一桌好菜，點名要吃白飯澆七喜汽水……，有很長的時間，我一想到有人竟然吃汽水泡飯，還是覺得非常噁心，一直到吃過醬甜軟腴的無錫排骨之後，才明白原來甜口的菜肴是可以極下飯的。這就是電冰箱，對美味的探索不被地域、文化的條條框框所限制，有能力欣賞豐富多樣的滋味。

對味覺的探索我後來藉著到世界各地和各民族地區讀書、旅行、工作，漸漸有追上的趨勢（壽司當然也能吃了），但是手巧這回事兒，只能說是天生的。有一次搬家，請電冰箱來幫我組合 IKEA 的空中床，卻很囧地發現說明書遺失了，就在我還滿頭大汗 Google 說明書電子版時，他已經把床組好了，每根螺絲和釘子都在該在的地方。小時候一樣上毛筆課，我只滿足於老師對寫得好的某個字畫圈，電冰箱寫的就可以拿去比賽得獎；一樣做七巧土，我的創造力僅限於筆筒和莫名其妙的擺飾（做過七巧土的同學你們知道的……），而電冰箱居然做出了牛排全餐：鐵板、有烤紋的厚片牛排、搭配的蔬菜等，惟妙惟肖，幾可亂真。

好吧，把七巧土變成牛排大餐，證實電冰箱是吃貨無誤。「手巧的吃貨」或許就是他的最佳寫照。雖然電冰箱廚藝的起頭仍是謎，但過程我是很幸運親歷的。印象最深的是有一次我倆發現家裡有來路不明的鰻魚，小學四年級的電冰箱二話不説將之炮製成鰻魚料理；以及他還很小的時候，在廚房翻箱倒櫃，按著食譜布置出了一個泡菜醰。這一路，我都親自品嘗他的進步。

「小料理」是電冰箱的長項，也是他這一路對美食探索的體現。現在這個長項都集中在此分享給閱讀此書的您。藉著它，假以時日，説不定您也可能練成一個「手巧的吃貨」！

電冰箱之姊
北京大學中文系副教授
林幼菁

You-Jing Lin

推薦序

呷好逗相報，享受簡單味美的饗宴

認識作者電冰箱是20年前的課堂上，他是我任教交通大學的學生，一個大男生，一個理工科的大學生，竟然是對烹飪料理這麼在行，著實令我意外，這該是他的天份吧！

近年來社群網站的盛行，我與電冰箱的互動比起他離校前還要頻繁，他經常在《蘋果日報》、《自由時報》等報章刊物發表文章示範料理作法，也常探訪各地美食透過Facebook分享心得，嘉惠許多網友，台南出生的我，也喜好具特色的小吃，「呷好逗相報」，電冰箱亦會回應討論。

隨著年齡的增長與養生意識的提昇，對於外食的料理會有鹽味過重、食材新鮮度存疑、調味欠佳、火候不足的缺憾，居家自主料理應是日常飯食最佳的選擇，相信許多人都有同感。可是，恩愛夫妻的小倆口、單身度日的小資女或宅男，雞鴨魚肉、油鹽醬料，在現今大賣場、市場、超商普及的社會，加上網購、團購的盛行，採買算是容易，難就難在如何做菜做得快、又做得色、香、味俱全！

電冰箱運用他的天份，有條有理地編製這套食譜，書中引人食指大動的一道道美食照片，不就是時常光顧的食堂招牌料理？不用懷疑，您也做得到！

書中電冰箱不藏私地傳授運用市售醬料滷包、自製常備小菜等簡單管用的小技巧，不亦妙哉！DIY也好！Home made也罷！輕鬆搞定、歡喜上桌！享受一下簡單美味、隨興自主的饗宴吧！

謹識 2018年5月19日　國立交通大學運管系教師

李明山

自序

一個人，也要好好吃飯

很多人覺得，一個人生活還要自己煮相當麻煩，歸咎起來原因就在於分量上的拿捏讓人很傷腦筋。其實一個人生活的時候，動手做料理是一件非常療癒又能消除疲勞的事情。別擔心該如何拿捏分量，只要透過前置作業的分裝動作，要吃多少拿多少出來煮就對了。如果不太會料理少量食材，也不用太擔心，本書內容就是要跟大家分享冰箱我這麼多年來一個人吃的心得，歡迎大家多多參考利用。

出書是一件很累人的事情，原本沒有打算再把作品付印出版。不過就在去年看到電視播出電視劇《五味八珍的歲月》，講的故事是我的料理啟蒙──傅培梅老師的一生。身為小粉絲的我，當然每週按時收看追完整齣劇。傅老師的一生轉折，就在當初螢光幕前開始的料理分享，透過電視教學，讓許多媽媽也能很容易地把以前不可能做出來的大菜，搬到自家餐桌上與家人享用。

很巧的是，就在追劇那段時間，接到了橘子文化前來邀稿，不由得又重新燃起出書的鬥志。因為傅老師的書，也是這家出版社出版的呀！

雖然拙作跟廚藝永遠沒有追上傅老師的一天，但相信這本書一定能造福許多單身的、家裡人口少的朋友。讓我們即使是一個人生活，也能吃得健康、營養又滿足！

電冰箱

2018春．台中

CONTENTS

CHAPTER2

心靈的救贖

牛羊肉料理

CHAPTER3

體會吮指的樂趣

雞肉料理

CHAPTER4

澎湃的海口味

海鮮料理

CHAPTER5

滿滿的元氣

蛋料理

CHAPTER6
少不了的飲食均衡
蔬菜料理

CHAPTER 7
吃好也要吃飽
飯麵主食料理

前置篇

廚房新手的料理練習

想要做料理，
必須從選購、處理食材開始。
運用基礎搭配與烹調方式，
以簡單便利的食譜，
引導大家進入烹飪這個千變萬化的世界。

要上哪買菜？

目前市面上能取得食材的管道很多，大致上是超市、大賣場以及傳統市場三個地方。而食材取得成本由多至少，也是超市＞大賣場＞傳統市場。在超市或大賣場採買，提供的分量比較固定，有些地方甚至有推出少量小包裝，雖然價格相對較貴，但比起用不完、壞掉丟棄食材，還是經濟許多。如果是打算買了回家馬上煮，可以參考一些即期食材，價格相對低廉。

而傳統市場價格相對便宜，但是更需要一些選購的技巧，以下冰箱舉兩個例子。當然，把握一些採購的訣竅，買久了累積的經驗自然會幫大家做出最明智的選擇。

魚類 check ！

先檢查鰓的顏色是否紅潤不發黑？

用手觸碰魚身，是否還保有彈性？

魚眼睛是否明亮不混濁？

肉類 check ！

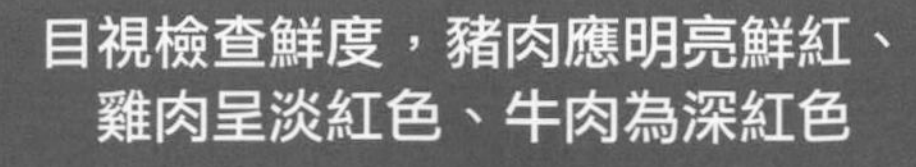

目視檢查鮮度，豬肉應明亮鮮紅、雞肉呈淡紅色、牛肉為深紅色

聞一下看肉類有無異味

用指腹輕壓可立即彈回、外表有光澤

超市 VS. 大賣場 VS. 傳統市場

	特點	價格
超市	分量固定 有些店有少量的小包裝 可選購即期食材較便宜	最貴
大賣場		稍貴
傳統市場	需要具備選購食材的技巧	較便宜

食材的分裝保存

一個人下廚，去買菜店家又不可能都賣一人份，這時可以適量分裝保存，要吃多少拿多少出來煮，方便又安心。透過分裝，家裡冰箱食材擺放也會比較整齊。袋上註明購買時間，秉持食材先進先出的原則，食材總會吃到最新鮮的唷！

肉類與海鮮

肉品可以利用小型保鮮盒或是4號夾鏈袋來分裝，每一份重量大約落在100公克，也就是說買1斤牛肉絲，可以分裝成6份保存。海鮮、肉類分裝完可以冷凍保存，延長保存時間，要吃多少拿多少解凍即可。

蔬菜

因為葉菜較不容易保存，建議要吃多少買多少。不過像根莖類蔬菜如馬鈴薯、蘿蔔這類，通常保存期限會較長；另外像高麗菜、白菜這類結球蔬菜，也較耐久放、利於保存。

最好的搭配調味品

雖然說料理材料愈簡單愈好，但是基本的調味品仍然是不可少。一般來說，家裡只要常備以下的調味品，基本上可以做出的搭配就能變化無限。

醬料類	醬油、炸醬、油蔥醬、辣豆瓣醬、豆豉醬、味醂等
醋品	烏醋等
料理酒	米酒、清酒，西式料理也會用到紅酒、白酒等。
調味品	鹽、味精、胡椒、糖、各式風味料、市售快煮綜合調理塊等

善用不同工具

料理的時候，如果能善用各種烹調工具會更有效率！首先，學習如何運用量匙與秤來計算食材分量，準備適合一人料理的鍋具，以及各式刀具的選用技巧等等。只要善加利用這些工具，多練習、多使用，就能熟能生巧喔！

度量衡工具	＊電子秤、標準量匙。 電子秤可買市售烘焙用秤，對於一般家庭料理應用綽綽有餘。 ※本書中調味料使用量，皆以標準量匙為準。量匙最小單位為1mL，1小匙為5mL，1大匙為15mL，1杯為200mL。
鍋具	＊不沾小炒鍋、小湯鍋、砂鍋。 基本上家裡準備一支26公分或28公分的不沾小炒鍋，什麼都可以煮。小湯鍋、砂鍋也可以準備一下，相當好用。
刀具	＊西式主廚刀、日式廚刀、中式菜刀、削皮刀、廚房剪刀。 切、割可以主廚刀跟日式廚刀為主；中式菜刀可用來拍碎及切骨；削皮刀用來切小物、去皮；廚房剪刀也是必備工具，有些用刀子較不容易切的角度，用剪刀來處理相對方便，也較安全。
磨刀工具	＊磨刀器、磨刀石、磨刀棒。 好刀也是要勤磨才會利，刀不磨除了切菜不好切之外，刀鋒不利也可能導致打滑造成意外割傷，所以磨刀相當重要。一般來說，用磨刀石是最正統的方式，但對於生手來說相當困難。現在坊間有出一種磨刀器，雖然刀子使用後會比較快鈍，但相對於磨刀石方便許多；另外還有一種金屬磨刀棒，切菜前刷個幾下，刀子就會相當鋒利了。

練習 5

食材處理小技巧

蝦去腸泥

吃蝦子的時候，最討厭的就是吃到沙沙的腸泥，吃得滿嘴沙真的很掃興。如果要避免這種情形發生，烹煮蝦子之前，去腸泥的動作就格外重要。其實蝦子去腸泥一點都不難，這邊跟大家分享兩種方式。

如果要保持帶殼蝦子的完整性，可以利用吃鹽酥雞的竹籤。

竹籤作法

1 從蝦頭後第二節處戳入。

2 挑起腸泥前段。

3 接著在蝦尾倒數第二節處，重複上述動作挑起腸泥尾段。

4 用手從任一邊一拉，整條腸泥就被取出來了。

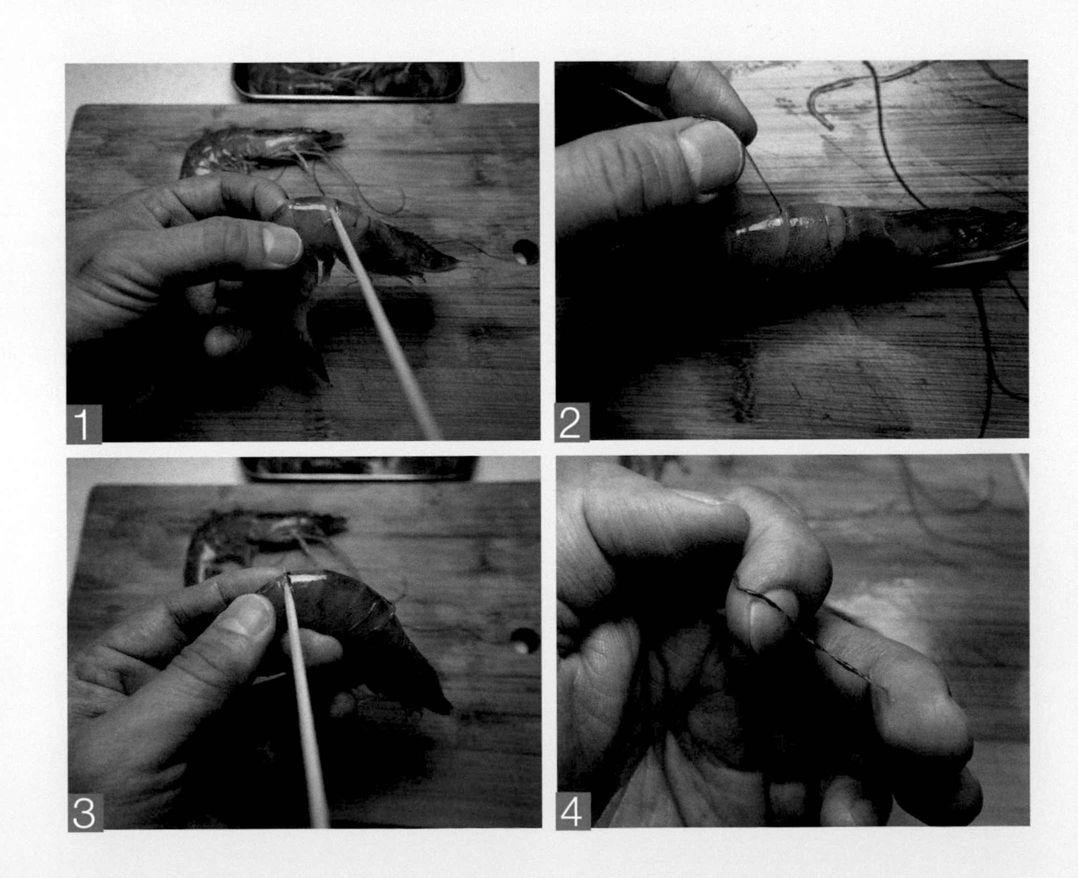

另外一種就是開背法，這種方式也適用在已經去殼的蝦仁去腸泥。

開背作法

1 首先先用廚房剪刀將蝦背剪開。

2 然後用刀稍微劃開蝦肉。

3 用刀尖挑出腸泥。

4 完成開背。

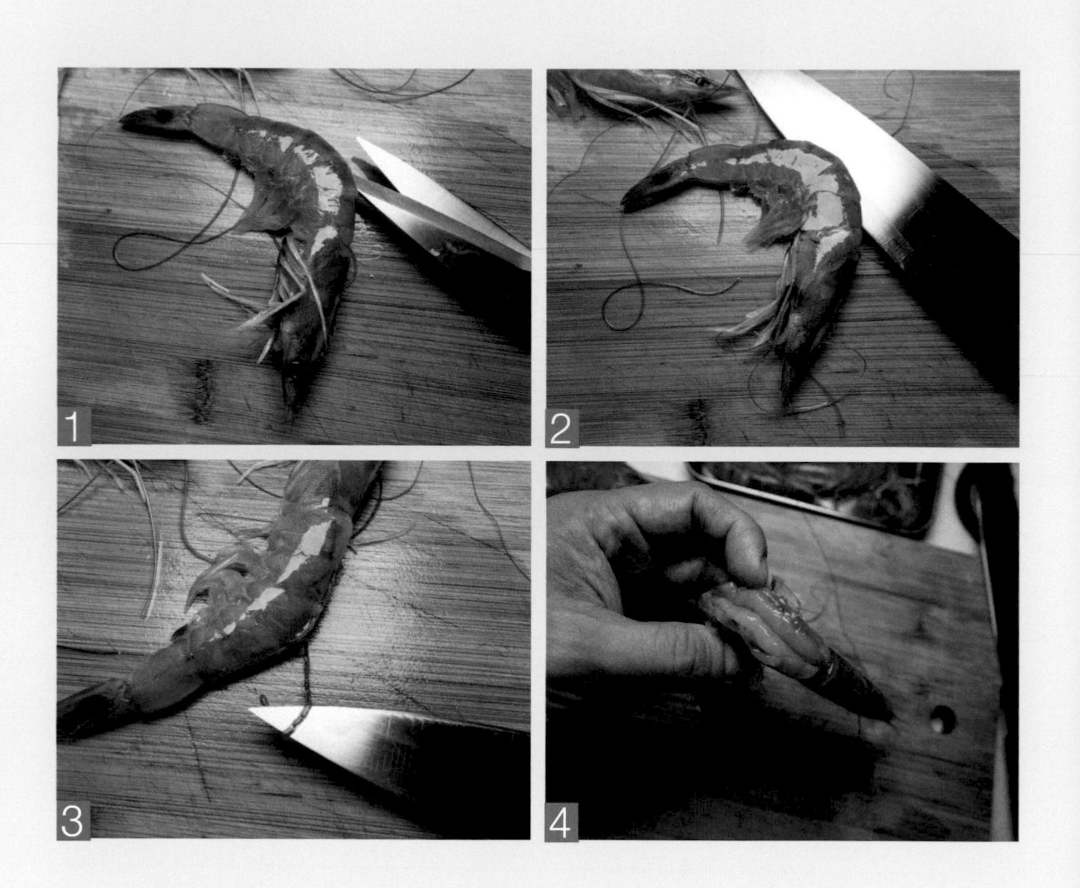

烏賊刻花

魷魚、透抽、花枝都屬烏賊類，雖然口感彈牙好吃，但是也相對不容易附著調味料。這時候如果可以在肉上面刻花，就能讓調味料更容易附著在烏賊上，一方面也改善口感跟增加美觀度。刻花方式很簡單，在肉的內面以刀劃上菱格紋，切塊下鍋烹煮，烏賊遇熱收縮捲起之後，美麗的烏賊花就會出現囉！而下刀的角度不同，也會造成不同的視覺效果。

作法

1 透抽買回來後，先去除最外面的膜。

2 將頭尾稍微修整。

3 橫切成兩片。刻花前記得刀要先磨利，用刀刃在肉表面輕輕壓，就可以輕鬆劃出切紋。

4 正刀劃出花紋。

5 如果要讓烏賊花開得更漂亮，可以用斜刀的方式來切，效果會更好。

6 烹煮後透抽捲起會出現花的樣子。圖中左邊是斜刀切、右邊是正刀切，兩種方法都相當好用。

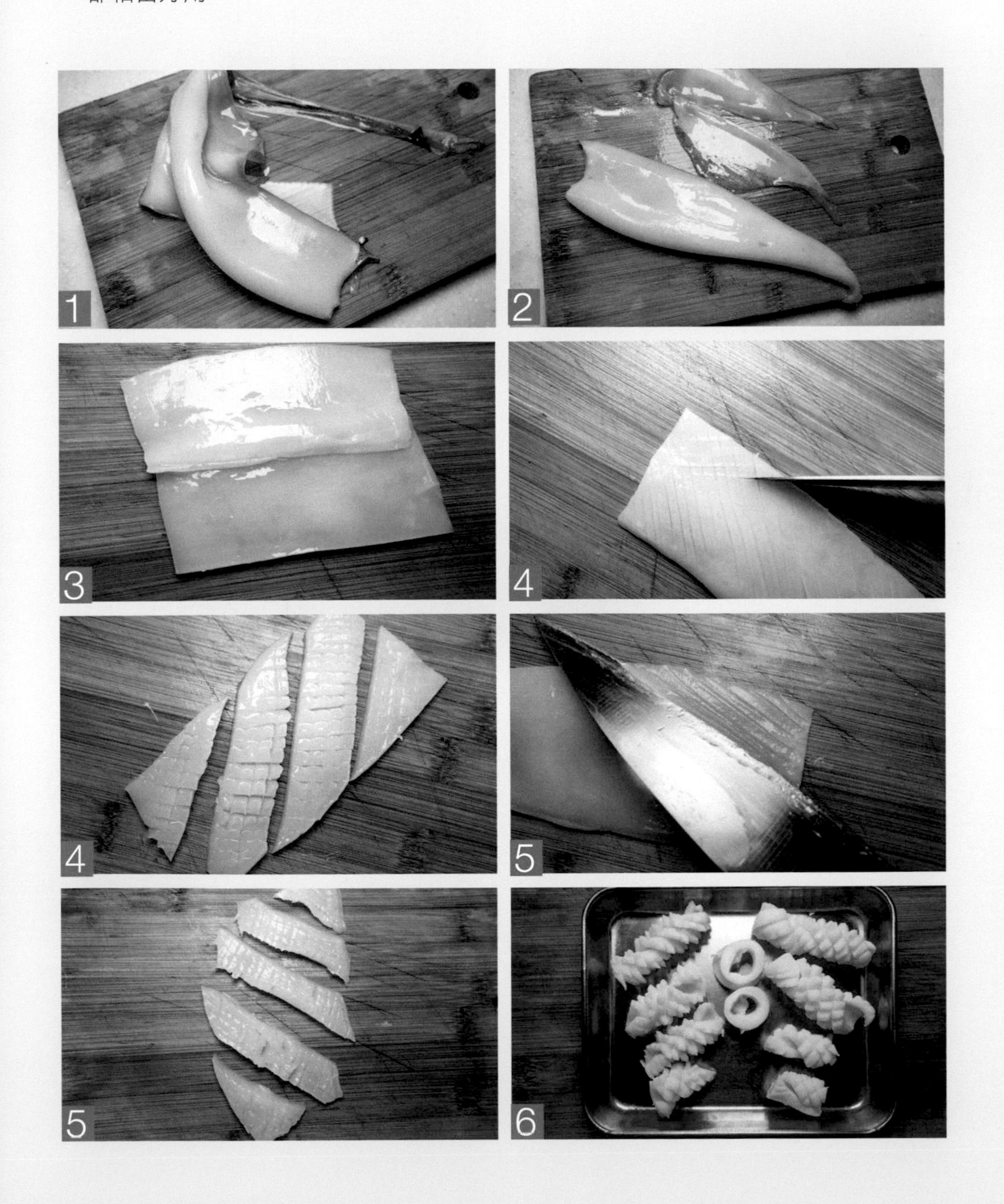

CHAPTER 1

先從啃排骨開始

豬肉料理

安靜的夜裡，

傳來「嘖、嘖」的吸吮聲，

排骨的香嫩，足以撫慰一整天的疲憊。

古早味滷排骨

滷排骨飯是在台灣相當常見的便當菜色，裹上番薯粉酥炸後再下滷汁滷過的排骨，不僅入味，而且口感超軟嫩。面對物價上漲，現在一個普通的排骨便當價格也幾乎破百，這時候自己在家動手做不但衛生可靠，且善用超市即期肉品，也能幫荷包省不少喔！

材料

豬絞肉 100公克
豬里肌肉排 2片
市售紅蔥豬油 ½碗
油蔥酥 ½碗
胡椒粉 1小匙
五香粉 1小匙
味精 1小匙
番薯粉 適量

醃肉材料

蒜仁 8瓣
醬油 3大匙
糖 1小匙

作法

1 在鍋內倒入紅蔥豬油，將絞肉下鍋炒至變白，放進所有調味料略炒，加水1000cc 煮滾製成肉燥滷汁。
2 豬里肌肉排用肉槌敲扁。
3 將肉排以蒜仁、醬油、糖略醃 15 分鐘。
4 醃好的肉排裹上番薯粉，靜置 20 分鐘讓麵衣返潮。
5 下 160℃ 油鍋炸至肉排表皮金黃。
6 將炸好的肉排放進滷汁裡浸泡，約 15 分鐘後即可食用。

筍絲排骨

筍絲加排骨不只能煮湯，拿來用滷的也很合適。排骨天然的鮮甜，搭配筍絲本身發酵後獨特的鹹、酸、香，是一道非常適合夏天的料理。為避免排骨肉因長時間燉煮變得柴口，善用「燜」的料理方式是相當重要的。

材料

豬小排 300公克
筍絲 100公克
蒜瓣 6～8顆
辣椒 1根
醬油 ½杯
酒 1大匙
糖 2大匙

作法

1 筍絲買回家後，先用清水浸泡 2 小時去除多餘鹽分。
2 豬小排洗淨後，先用熱水汆燙去除血水雜質。
3 將汆燙好的排骨用清水洗淨，汆燙的湯水留用。
4 取一砂鍋，放入排骨，淋上醬油、酒、糖，放進蒜瓣與辣椒。
5 放入泡好的筍絲，將燙排骨的水過濾後倒入至淹過食材。
6 小火滷 40 分鐘後關火，續燜 10 分鐘即可。

糖醋排骨

起源於江蘇無錫，是一道家喻戶曉的料理。酸甜的口感，天氣熱的時候吃特別開胃。糖醋排骨一般使用子排，也就是豬肋排，使用這個部位的好處是肉比較多，卻也保留啃骨頭的樂趣；還有人會直接用軟排來製作，也相當可口。我記得小時候每次跟媽媽回娘家吃飯，外婆都會準備這道菜。每個媽媽，都有屬於自己的「糖醋排骨配方」，現在大家就來試試我的吧！

材料

豬肋排 200公克
洋蔥片 ¼顆量
青椒片 ½顆量
罐頭鳳梨塊1小片量
番薯粉 適量
蒜末 1大匙
雞粉 1小匙
酒 1小匙
醬油 1小匙
番茄醬 1大匙
糖 1小匙
醋 1大匙

作法

1 豬肋排剁塊，用蒜末、雞粉、酒、醬油略醃 15 分鐘，醃肉醬汁留用。
2 接著拌上番薯粉，靜置 20 分鐘讓麵衣返潮。
3 排骨下鍋，以 160℃ 熱油炸至表面金黃取出備用。
4 番茄醬、糖、醋和醃排骨剩下的醬汁混合，再加 50cc 的水調成糖醋醬。
5 爆香洋蔥片。
6 加入鳳梨塊、炸排骨略炒。
7 淋上調好的糖醋醬拌炒均勻到出芡，最後放上青椒片略炒兩下即可。

韓國馬鈴薯排骨湯

這道湯品在韓國是相當具有代表性的料理之一，據說是以前窮人家利用一些剩餘食材，加上大醬、辣醬還有醃菜、馬鈴薯烹煮而成。因為如此，所以沒有絕對的配方作法，除了必備的馬鈴薯、排骨以及大醬跟辣醬之外，其他材料若有缺，不需要太在意。

材料

馬鈴薯 1顆
鮮香菇 2朵
青江菜 2棵
酸菜葉 1小把
洋蔥 1棵
帶肉豬脊椎排 300公克
韓式大醬 2大匙
韓式辣醬 2大匙

作法

1 馬鈴薯削皮、切片，鮮香菇切片，青江菜、酸菜切碎，洋蔥切絲，備用。
2 鍋裡盛入 1 公升的水煮沸之後，先放進洋蔥。
3 接著加入酸菜與鮮香菇。
4 放進韓式大醬及辣醬拌勻。
5 放入馬鈴薯跟排骨，小火慢燉 30 分鐘即可。

蒜泥白肉

蒜泥白肉是一道相當經典的小吃，以前要做這道菜，必須買回整塊的五花肉煮熟後再切片，實在挺不方便。近年來市面上很容易找到五花肉的火鍋涮肉片，切成薄片的五花肉在料理上更加快速方便，且分裝分量恰恰足夠一至兩人吃，在烹調上相當便利。

材料

五花肉涮肉片 1盒
蒜末 1大匙
蔥花 少許
薑絲 少許
醬油膏 2大匙
香油 1大匙

作法

1 將五花肉涮肉片下鍋汆燙約 45 秒。
2 燙好的肉片盛入盤中，將醬油膏、香油、蒜末加水以 1：1 的比例混合成淋醬，醬汁淋在肉片上。
3 撒上蔥花，再擺上薑絲即可。

Q：如果擔心醬油膏太鹹，可以怎麼調味？
A：市售的醬油膏原汁大多會比較濃稠也比較鹹，可以適量加入糖水中和鹹度，吃起來也比較滑口。

馬鈴薯燉肉

聽說在日本，只要是嫁作人婦一定要會這道料理。比較常見的版本是用肉片下去燒，但如果使用肉塊，吃起來的口感會更加扎實。這道菜的作法其實不難，嘗試一次之後，真的就能了解為何日本太太一定都會做了。

材料

豬肉片 200公克
洋蔥 1顆
馬鈴薯塊 1顆量
紅蘿蔔塊 ½條量
味醂 1杯
醬油 2大匙

作法

1 豬肉下鍋乾炒至變白、逼出油脂，表面微焦。
2 洋蔥切絲，下鍋炒至呈半透明。
3 放入調味料拌炒，加入馬鈴薯塊及紅蘿蔔塊。
4 加水淹過食材，燒開後轉小火。
5 蓋上鍋蓋約燉煮 30 分鐘後關火，續燜 10 分鐘即完成。

REFINED JAPANESE SAKE
黒松
白鹿
2018.01XC

鹹豬肉

鹹豬肉是一道相當具有台灣味的料理，作法其實很簡單。選新鮮五花肉，加上鹽、蒜頭、胡椒粉、八角等佐料醃漬兩天，就可以得到一塊方便又可口的鹹豬肉。一個人的生活，可以把醃好的鹹豬肉切成小塊冷凍，想吃的話隨時解凍，或烤或煎，配上蒜苗就是很方便的配飯料了。

材料

豬五花肉 1條
蒜仁 6粒
八角 2顆
鹽 2小匙
胡椒粉 2小匙
酒 少許
白醋 少許

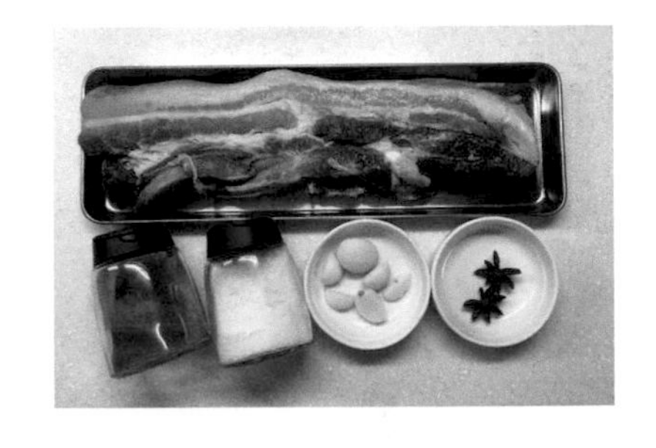

作法

1 將蒜仁及八角拍碎或搗碎。
2 將搗碎的蒜仁連同鹽和胡椒粉，均勻抹在豬五花肉的兩面，再噴一些酒，裝進食物保鮮袋密封，放進冰箱醃漬 2 天。
3 要料理之前，先去除醃豬肉表面的辛香料，插上肉叉，以200℃烤約 15 分鐘，再翻面續烤 15 分鐘即可。
4 烤好的豬肉切片後可以搭蒜頭、白醋和蒜苗片一起食用。

蛋黃肉

這道菜是冰箱小學時吃便當吃到的，雖然它是店裡最便宜的菜，但下飯程度還真是無敵。做蛋黃肉必須要用到生的鹹蛋黃，一般在傳統市場比較容易買到；不過大家也別擔心買不到，自己做就可以了。

材料

絞肉 約80公克
洋蔥碎 1大匙
蔭瓜 1小塊
生鹹蛋 1顆
蔥花 少許
雞粉 1小匙
米酒 少許
白胡椒粉 少許

作法

1 將絞肉放在攪拌碗裡，加入洋蔥、雞粉、蔭瓜。
2 加入約半顆蛋清，拿湯匙或筷子把材料稍微拌勻。
3 接著用手開始攪拌肉餡，因為絞肉很油，建議大家戴手套操作。
4 用手用力摔肉，藉此摔出肉的筋性。
5 將處理好的肉餡稍微壓實塑型，在正中間用手指頭插一個洞。
6 將生的鹹蛋黃放進洞裡，一般外面賣的蛋黃肉大部分只用半顆鹹蛋黃，如果是自己吃也可以整顆都放。
7 電鍋倒進 1 杯水，將肉餅放入鍋內蒸到跳停，起鍋後撒點蔥花作裝飾即可。

Q：怎麼做鹹蛋？
A：做鹹蛋以鴨蛋為首選，如果買不到就以市售的紅仁土雞蛋代替，只要泡在鹽、水比例約 1：10 的飽和鹽水中約 3 週至 1 個月熟成，自製鹹蛋就完成囉！

日式叉燒肉

日本拉麵是現在很容易吃到的一種麵食，其魅力除了湯頭之外，我想每碗麵裡那一塊叉燒肉更是吸引人。雖然日式叉燒肉做起來比較費工，但其實並不難，關鍵在如果做多次之後能留下老滷汁，那之後只要買肉回來直接下鍋滷就可以了。以綁肉粽的棉線將肉捲起固定再下鍋滷，切片後的成品就會是大家熟悉圓圓的叉燒肉片囉！

材料

去皮豬五花肉 1塊（1.5公斤）
蒜仁 10顆
陳皮 少許
蔥 2根
薑 1塊
糖 2大匙
味醂 2大匙
醬油 1碗
清酒 1碗

作法

1 切掉豬五花肉最下層的肉。
2 將五花肉捲起，用棉線綁起來固定。
3 鍋內不用加油，將捲好的五花肉下鍋煎至表面金黃。
4 將所有辛香料及調味料下鍋，加水醃過食材，煮開後轉小火續滷；在肉上面蓋上棉布，約滷製 30 分鐘後關火，待滷汁冷卻即完成。

Q：做這道料理，要如何挑選肉的部位？
A：梅花肉和五花肉都很適合，里肌肉則因為都是瘦肉，火候控制不好比較容易柴口。

爌肉豬腳

如果想要快速解決一餐，我想沒有比家中冰箱裡隨時都有一鍋爌肉來得更方便了。講起這道菜，如果家裡有個會下廚的媽媽應該都會做，每家各有各的配方、作法。這道菜是跟我阿母學的，她滷肉時喜歡下全酒，所以成品的滷汁又香又下飯，每次阿母滷肉時，白飯都會被殺掉好幾碗喔！

材料

豬五花肉 2條
豬腳 1隻
蔥 1根
蒜仁 8瓣
辣椒 1根
醬油 1杯
糖 3大匙
米酒 ½杯

作法

1 起油鍋，先將砂糖下鍋炒化，接著加水約 7 分滿，煮沸備用。
2 五花肉切塊，連同切塊的豬腳下鍋油炸至表面金黃。
3 取一湯鍋，放入所有材料，並將炒過的焦糖水注入，開火煮沸後轉小火，慢燉 40 分鐘，再悶 10 分鐘即可。

Q：這道菜可以一次滷多一點量嗎？該如何保存呢？
A：滷好的爌肉跟豬腳可以分裝成一餐量，放入冷凍庫保存，想吃多少解凍多少，一鍋可以吃很久啦！

冰箱的料理物語──第一話

開始做菜的契機

小時候最喜歡翻看母親買的《培梅食譜》，
在小學作文課的稿紙上大筆寫下「我長大要當廚師」，
國中的母親節也煮了一桌菜慶祝。

後來長期獨自在外生活，
運用手邊的食材洗洗切切，
摸索了一些廚藝門道，也開設了部落格在無邊際的網路世界分享。

要煮一人份的料理其實並不可怕，
最重要的是，
即使一個人，也要好好地吃飯喔。

攝影：MaLa Sun

CHAPTER 2

心靈的救贖

牛羊肉料理

火鍋肉片之於單身的人，是特別的存在。
涮一涮、炒一炒，
大口大口吃下，覺得心靈獲得了救贖。

古早味炒牛肉

這道料理是我在台南吃牛肉湯的時候意外發現的，高麗菜跟牛肉的搭配本來就不常見，沒想到拌入醬油及胡椒粉的風味變得這麼美味，是超級下飯的好料。雖然在家用不沾鍋炒鍋氣會弱一點，不過操作方便性卻提升不少。

材料

牛肉火鍋片 150公克
蒜末 1大匙
辣椒片 少許
高麗菜 ⅙顆
味精 1小匙
糖 1小匙
白胡椒粉 2小匙
醬油 1大匙

作法

1 牛肉火鍋片切成約 3 公分長小段（一口大小）。
2 起油鍋，先爆香蒜末及辣椒片。
3 接著將牛肉下鍋翻炒，加入白胡椒粉、醬油、味精、糖翻炒。
4 取出炒好的牛肉，備用。
5 取原本炒牛肉的鍋子，將高麗菜下鍋翻炒至變軟。
6 最後將牛肉回鍋拌抄均勻即可。

泡菜牛肉

辣泡菜是韓國很具代表性的食物，因為本身風味相當重，拿來跟牛肉一起炒既簡單又好吃。這道菜要做失敗真的還不容易咧！下酒、配飯都很適合，食材取得也非常容易。

材料

炒肉片或牛肉火鍋片 100公克
小蘇打粉 1公克
韓式泡菜 100公克
蔥段 少許

作法

1 將牛肉片用小蘇打粉抓過，靜置 10 分鐘，備用。
2 起油鍋，爆香蔥段。
3 將肉片下鍋一起翻炒。
4 加入泡菜一起翻炒即完成。

Q：每款市售韓式泡菜味道不一，分量上該如何拿捏呢？
A：市售韓式泡菜本身就有相當鹹度，尤其韓國原裝進口的更是重口味，所以烹調此道料理時請依據手上買回的泡菜，在用量上自行增減。

炸醬牛肉

這一道菜是從炸醬麵發想的，利用市售的炸醬來炒牛肉，再搭配清爽的小黃瓜絲，是一道很開胃，適合在夏天吃的料理。

材料

小黃瓜 2條
牛肉片 150公克
蒜末 1大匙
蔥花 2大匙
辣椒片 少許
炸醬 2大匙
太白粉 少許

作法

1 小黃瓜刨絲，擺盤，備用。
2 起油鍋，先爆香蒜末。
3 接著將炸醬下鍋炒香。
4 放入牛肉片，一起翻炒幾下。
5 加入半碗水燒開，再淋太白粉水勾芡；最後撒上蔥花及辣椒片拌勻，裝入盤中即可。

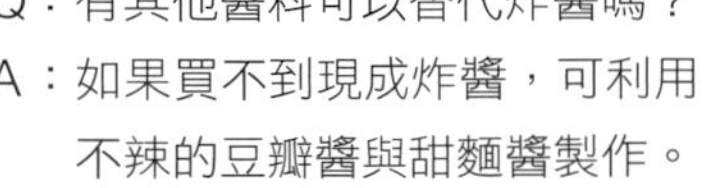
Q：有其他醬料可以替代炸醬嗎？
A：如果買不到現成炸醬，可利用不辣的豆瓣醬與甜麵醬製作。

牛丼

洋蔥、牛肉片、醬油跟味醂融合在一起，就是這道來自日本膾炙人口的料理最原始的風味。相信許多到日本自助旅行的人，一定都會對當地的牛丼念念不忘，其實這道料理要在家自己變出來並不難，一起來動手做看看吧！

材料

洋蔥絲 ½顆量
雪花牛肉火鍋片 100公克
白飯 1中碗
蔥花 少許
味醂 1大匙
清酒 1大匙
鰹魚醬油 2大匙

作法

1 起油鍋，先將洋蔥絲下鍋爆香。
2 接著將牛肉片下鍋翻炒一下。
3 將味醂、清酒、鰹魚醬油調和成綜合調味料，淋下鍋。
4 用中火煮沸，過程中請試一下味道，依個人喜好自行調整。
5 煮至醬汁稍微收乾，淋在白飯上，撒上蔥花裝飾；如果敢吃生蛋黃，可以打一顆在牛丼中央，好看又好吃。

蔥爆牛肉

蔥爆牛肉是一道很常見的料理，在家利用吃剩的火鍋片，只要先將肉片用適量太白粉抓過，就可以讓便宜的火鍋肉片已吃起來也能軟嫩滑口喔！處理好的牛肉片加點蔥段、蒜末、辣椒片一起炒，在家也可以輕鬆享用。

材料

牛肉火鍋片 1盒
蒜末 2大匙
辣椒片 少許
蔥段 2根量
醬油 1大匙
米酒 1大匙
太白粉 少許
鹽 少許
味精 少許

作法

1 牛肉片退冰後，用醬油、米酒及太白粉稍微抓過。
2 起油鍋，先將醃好的牛肉下鍋炒至半熟，取出備用。
3 在原本的鍋內爆香蒜末、辣椒片以及蔥段。
4 加入半熟的牛肉翻炒，最後再視口味加入鹽和味精調味即完成。

Q：讓火鍋肉片變軟嫩的祕訣是？
A：火鍋肉片本身肉質就沒有那麼優秀，拿來炒製有時肉質會變得比較硬。這時可在醃肉時放一些對人體無害的食用級烘焙用小蘇打粉，就可以達到軟化肉質的效果。

滷牛腱

滷牛腱是牛肉麵店常出現的小菜，其實各家滷味配方不一，吃起來的滋味也不盡相同。正統滷牛腱往往要準備許多不同的香料來搭配，不過要跟大家分享的是我老媽的滷法。香料只用到八角和市售滷包，就可以滷出相當美味的滷牛腱囉！滷好的牛腱可以分裝冷凍，隨時要吃相當方便。

材料

牛腱 4條
蔥段 2根量
辣椒 1根
八角 5顆
薑 1塊
冰糖 2大匙
醬油 1杯
滷包 1包
米酒 1杯

作法

1 乾鍋下冰糖，等冰糖融化後加入一碗水煮開，做成醬色。
2 牛腱汆燙約 20 分鐘，取出用冷水洗淨冷卻，備用。
3 蔥段、辣椒、八角、薑用油稍微煸過，加入醬油、醬色及滷包煮開成滷汁。
4 取一深鍋，放入燙過的牛腱，倒入煮好的滷汁。
5 接著加入米酒，並加水淹過食材煮開；轉小火蓋上鍋蓋，續滷 40 分鐘即可先取出牛腱。
6 鍋內剩餘醬汁用大火收乾，即成滷味的澆料。

Q：滷牛肉類的料理要挑選哪個部位較合適？
A：一般在選用牛肉時，以紐澳產的牛腱肉比較適合長時間燉煮。

番茄紅燒牛肉

不論是中式或西式，番茄跟牛肉煮在一起就是很對味。一次滷一小鍋放在冰箱裡，一個人可以吃兩三天，是很方便的一道料理；也可分裝成小包冷凍保存，想吃隨時都有。用番茄做料理時最好先去皮再來燉煮，口感會好很多。

材料

牛腱 1條	紅蘿蔔 1條
番茄 1顆	白蘿蔔 ½條
蔥段 1根量	醬油 2大匙
薑 1小塊	鹽 1小匙
八角 2顆	冰糖 1小匙
辣椒 1根	味精 少許

作法

1 牛腱下滾水汆燙約 20 分鐘，去除血水雜質。

2 燙好的牛腱，用冷水沖涼冷卻。

3 牛腱冷卻後，用刀分切成長條狀，再用水沖一下去血水。

4 燙過牛腱的水用濾網過濾，盛裝到湯鍋裡，加入番茄、蔥段、薑、八角、辣椒、燙好的牛腱以及調味料煮開。

5 接著放入紅、白蘿蔔塊，蓋上鍋蓋用小火煮約 40 分鐘關火。

6 續燜 20 分鐘，好吃的番茄紅燒牛肉就完成了。

日式漢堡排

漢堡排是在日本相當受歡迎的和洋料理，鮮美多汁的漢堡排，不管是大人或是小朋友都相當喜愛。一般來說如果使用純牛絞肉來製作的話，口感會比較偏乾澀。這時候以等量的豬絞肉拌入製作，就可以彌補上述的缺點，吃起來的口感會更滑順。

材料

洋蔥 ¼顆
牛絞肉 150公克
豬絞肉 150公克
鹽 1小匙
粗黑胡椒 1小匙
義大利香料 1小匙
市售黑胡椒醬或日式豬排醬 1大匙

作法

1 洋蔥切細末備用。
2 所有材料放進調理碗裡拌勻。
3 將絞拌好的肉泥用力摔出筋性。
4 將處理好的肉泥塑形，備用。
5 將漢堡排下鍋，以小火油煎 6 分鐘翻面，再續煎 6 分鐘即可起鍋。
6 起鍋後靜置 3 分鐘即可擺盤；吃的時候可搭配黑胡椒醬或是日式豬排醬一起吃，風味更佳。

백설
BEKSUL
제대로 담은 고소
진한 참
PREMIUM SESAM
100 %

韓式牛排骨湯

前陣子去了韓國，發現韓國牛排骨湯的滋味真的相當棒。現在在賣場很容易可以買到韓國牛骨湯風味粉，搭配市售的帶骨牛小排來煮，在家也可以輕鬆做出不輸韓國當地原版滋味的牛排骨湯喔！

材料

帶骨牛小排 2片
洋蔥 ½顆
韓國牛骨湯風味粉 1大匙
粉絲 適量（可省略）

作法

1 帶骨牛小排下鍋汆燙去血水後，取出用冷水沖淨、切塊。
2 取一湯鍋，裝水 8 分滿燒開，放入切成絲的洋蔥滾煮一下。
3 放入牛小排後用韓國牛骨湯風味粉調味，蓋上鍋蓋以小火慢煮 30 分鐘。
4 可加入粉絲續滾，蓋上鍋蓋燜 5 分鐘即完成。

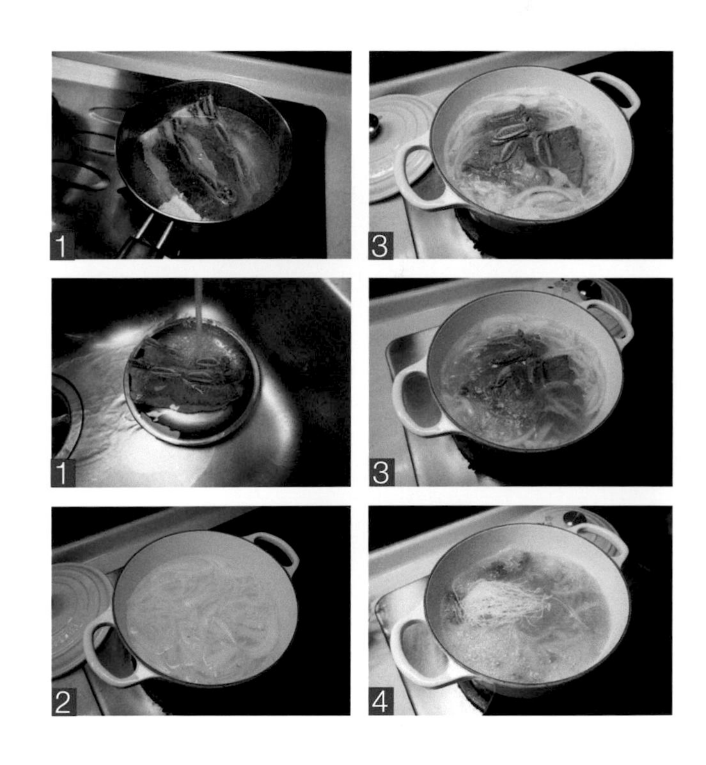

Q：有沒有更道地的韓式吃法呢？
A：牛肉的沾料可準備韓國芝麻油加鹽，這樣吃就很道地囉！

黑胡椒牛小排

一般人料理帶骨牛小排的方式多是乾煎或燒烤，其實拿來加黑胡椒和洋蔥一起燒，也別有一番滋味。煮好的成品配飯、拌麵都很適合，用來解決一餐非常方便。

材料

帶骨牛小排 6片
洋蔥絲 1顆量
蒜片 2大匙
粗黑胡椒 1大匙
醬油 2大匙
酒 2大匙
糖 2小匙
鹽 1小匙

作法

1 鍋子燒熱後，牛小排下鍋煎至兩面焦香，取出備用。
2 在原本的鍋內爆香蒜片。
3 放入洋蔥絲續炒。
4 加入粗黑胡椒、醬油、酒等調味料一起翻炒。
5 放入剛煎好的牛小排，加水蓋過食材燒開，蓋上鍋蓋以小火燉煮 30 分鐘，將牛小排取出擺盤。
6 鍋內剩餘醬汁收乾，最後淋在牛小排上即完成。

當歸羊肉湯

一般人想到當歸湯，一定會覺得只有冬天才能吃吧？這其實是錯誤的觀念，當歸具有補氣血的功用，一年四季都很適合吃，畢竟氣血不足的人不會只在冬天出現症狀吧？一般超市、賣場、雜貨店應該都容易買到當歸藥材包，在坊間中藥行隨便找都有，講究一點還可以請教中醫師另外抓配，滋補效果會更好。只要熬出一鍋當歸湯，要怎麼搭配食材、肉類任君挑選，相當方便。

材料

羊肉火鍋片 1盒
當歸藥材包 1包
枸杞 1小把
薑絲 隨喜

作法

1 鍋內放 1 公升水燒開，將當歸藥材包、枸杞放入鍋中熬湯至出味。
2 接著將羊肉片下鍋汆燙至熟。
3 最後湯頭可以用一點點鹽調味，跟羊肉一起裝碗，放上薑絲即完成。

青椒炒羊肉

青椒跟肉類相互搭配，基本上是萬無一失。那也許有人會問羊肉本身味道較重，調味方面該如何處理呢？其實利用市面上現成的豆豉醬來入菜，不須額外的調味步驟，兩三下就可將青椒炒羊肉變出來囉！一樣的作法適用所有肉類，可以依照自己喜好搭配喔！

材料

羊肉火鍋片 1盒
青椒片 ½顆量
蒜片 2瓣量
辣椒片 少許
豆豉醬 2大匙
米酒 1大匙

作法

1 鍋內爆香蒜片，將蒜片用中火煎炸到呈金黃色。
2 放入羊肉片一起翻炒至肉片稍微變色。
3 加入豆豉醬拌炒，用米酒熗鍋續炒。
4 放入青椒片，撒上辣椒片一起拌炒兩下即完成。

沙茶羊肉

市面上能買到的羊肉，大部分都是羊肉火鍋片。其實火鍋片總是拿來吃火鍋時涮著吃實在太單調，加點蔬菜、沙茶一起炒，美味又下飯的沙茶羊肉，不用出門也可以吃得到。這道料理的炒法，是我所在的台中的夜市快炒攤炒牛羊肉的經典方式，希望大家喜歡。

材料

油菜 1顆
羊肉火鍋片 ½盒
蒜片 1大匙
辣椒片 少許
酒 1大匙
醬油 1大匙
沙茶醬 1大匙
味精1小匙
糖 1小匙
太白粉 少許

作法

1 起油鍋，先放入油菜炒熟，取出擺盤，備用。
2 在原本的鍋內爆香蒜片、辣椒片。
3 加入羊肉片一起翻炒。
4 熗點鍋邊酒續炒。
5 醬油、沙茶醬、味精、糖調成醬汁，倒入鍋中續炒。
6 加約半杯水煮滾後，用太白粉水勾薄芡，最後把羊肉淋在油菜上即可。

s an edible vegetable oil derived from sesame seeds.
tional ingredient for Korean food to enhance flavor.
e oil makes flavor and scent of food tasty and savory.
SINCE 1953
백설
BEKSUL
Original
AME OIL

韓國芝麻油炒羊肉

說到羊肉最簡單的吃法，我想一定非用麻油來炒莫屬；但是坊間芝麻油純度參差不齊，這時候利用純正韓國芝麻油來入菜是最有保障的。麻油、羊肉加薑絲一起大火快炒，既方便又是一道隨炒隨吃的滋補聖品喔！

材料

羊肉火鍋片 1盒
薑絲 1碗
辣椒片 少許
韓國芝麻油 3大匙
米酒 ½杯
鹽 1小匙
味精 1小匙

作法

1 鍋內先將芝麻油燒熱。
2 薑絲下鍋煸至乾香出味。
3 將羊肉下鍋一起拌炒。
4 羊肉炒鬆後加入米酒續炒兩下，讓酒精揮發。
5 放入辣椒片，加上鹽跟味精調味即可。

冰箱的料理物語——第二話

好命的同居生活

現在的我，一個人，
身邊有兩隻貓孩子。

我們第一次相遇的時候，
小貓的防禦心比較強，躲得遠遠的；
日子再往後推移一些，
只要我到廚房用東西，那隻有個性的小貓便會過來躺在旁邊，
一種互相明瞭的陪伴。

做生鮮貓食比想像中療癒，
這些貓孩子，吃得比阿爸還好，
希望你們一直好命下去，
一直和阿爸，
一起吃飯……

CHAPTER 3

體會吮指的樂趣
雞肉料理

不論是下酒的「炸雞」，
亦或下飯的「三杯雞」，
運用鮮嫩多汁的雞肉，
總能變化出讓人意猶未盡的豐盛美好！

香煎雞腿排

如果想要煎出表面有酥脆麵衣的雞腿排，該怎麼做呢？這時候麵衣本身的成分、比例，就相當重要。一般來說以麵粉為主，添加其他種類的澱粉，如玉米粉、太白粉、米粉等等，都能增加麵衣的酥脆度。這道料理採麵粉與米粉1：1的比例來製作麵衣，然後以半煎炸的方式料理，熱熱地吃，表皮酥脆，肉還很juicy唷！

材料

去骨雞腿排 2片
中筋麵粉 ½碗
米粉 ½碗
鹽 少許
黑胡椒 少許

作法

1 取一調理碗，放入去骨雞腿排，2 種粉類連同鹽、黑胡椒也一起放入。
2 加入少許的水，將所有材料拌勻。
3 接著靜置約 20 分鐘，讓調味料入味到雞肉裡。
4 鍋內放少量油，等鍋熱、油熱後，將裹滿麵衣的雞腿排下鍋，以中火慢煎。
5 待一面煎成金黃色之後，翻面續煎。
6 要確認雞腿肉有無熟透，只要拿根筷子往肉最厚的地方一插，如果能夠輕易插穿，代表雞肉已熟，可以起鍋瀝乾多餘油分。

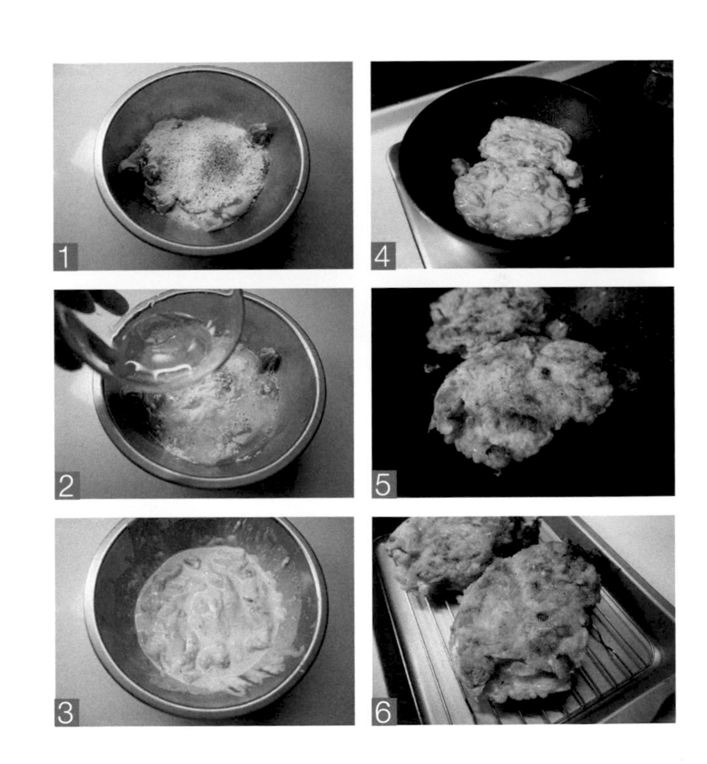

Q：雞腿排怎麼吃最美味？
A：建議做好即食，方能嘗到表皮的酥脆度，因為裡面的雞肉依然鮮嫩多汁，為免雞汁蒸氣返潮弄濕麵衣，請趁熱食用，因此這道料理也不適合當便當菜。

韓式炸雞

一般我們對韓式炸雞的印象，都是外面裹了一層紅紅的韓式炸雞醬。去了幾趟韓國才知道，在韓國裹醬可是要另外收費的，而且大部分的韓國人喜歡吃原味；吃了之後發現韓式炸雞的美味之處在於非常酥脆的麵衣，其奧妙就在麵衣成分多了米粉增加脆度。這道料理以原味為主要呈現方式，至於裹在外面的辣醬，可以利用許多現成可買到的韓國辣醬就挺方便了。

材料

雞翅腿 8根
麵粉 1碗
米粉 ½碗
胡椒鹽 2大匙
市售韓式萬用辣醬 隨喜

作法

1 將麵粉與胡椒鹽加水混合，調成麵糊。
2 將雞翅腿裹上麵糊後，再用米粉滾過，靜置 15 分鐘。
3 接著將裹好麵糊、米粉的雞翅腿下鍋，以 180℃ 油炸至浮起，表面呈金黃色即可起鍋瀝油。
4 辣醬可裹可蘸，任君挑選最喜愛吃法，當然不蘸醬直接吃也很美味。

韓式炸雞胗

雞胗這類食材，在台灣我們多拿來汆燙或是滷成滷味。在韓國，雞胗也拿來裹粉油炸，吃起來的口感QQ脆脆的，相當特別。鹹鹹香香的口感，拿來配飯或下酒，都相當合適喔！

材料

雞胗 1碗

中筋麵粉 1碗

米粉 ½碗

胡椒鹽 1大匙

作法

1 將雞胗切片備用。

2 將中筋麵粉、米粉及胡椒鹽慢慢加水調和成麵糊。

3 雞胗拌上麵糊後，下鍋以 180℃ 炸至酥脆即可起鍋瀝油。

味噌清酒烤翅腿

用味噌來醃漬魚、肉，在日本是相當常見的一種烹調方式。以這種方式處理過的食材，不但能增加保存期限，也散發出獨特滋味。雞肉的特色就是肉本身並無明顯的風味，用味噌醃漬入味後，能賦予吃雞肉一種全新的感受。

材料

雞翅腿 4根
清酒 1大匙
味噌 1大匙

作法

1 將雞翅腿用刀子片開。
2 接著以 1：1 的比例用清酒兑味噌，與雞翅腿一起放進食物保鮮袋醃漬 1 天。
3 最後用 160℃ 烤約 12 分鐘至雞翅腿表面焦香即可。

古早味滷雞腿

棒棒腿是外面很容易可以買到的食材，價格通常也不貴，且大人、小孩都喜歡吃這種整根帶骨的雞腿。最簡單夠味的料理方式，就是直接下鍋滷，滷好能冷藏保存一段時間，相當方便。

材料

棒棒腿 4根	辣椒 1根
水煮蛋 5顆	醬油 ½碗
蒜頭 6～8顆	米酒 ½碗
蔥段 1根	糖 1小匙
薑 2小塊	味精 1小匙

作法

1 鍋內先爆香蒜頭，將棒棒腿以外的所有材料下鍋。
2 加入大約可以淹過雞腿的水量煮開。
3 接著放入雞腿和水煮蛋，慢火滷約 25 分鐘。
4 蓋上鍋蓋，續燜 10 分鐘。
5 如果想要吃到 QQ 的雞皮，可以把雞腿取出放涼。

咖哩雞

雞肉料理裡面，我想最受歡迎又下飯的一道，應該非「咖哩雞」莫屬了。做這道料理的訣竅，其實就在前面的辛香料炒香，以及咖哩粉下的量。一次煮一大鍋分裝冷凍，不知道吃啥配碗白飯，一餐就解決了。

材料

雞 ½隻
紅蘿蔔丁 1碗
洋蔥丁 1碗
馬鈴薯塊 1碗
蒜末 2小匙
味醂 1大匙
咖哩粉 2小匙
雞粉 2小匙

作法

1 起油鍋，先將蒜末及洋蔥丁炒香。
2 接著放進雞肉續炒至雞肉變白。
3 加入紅蘿蔔丁及咖哩粉續炒。
4 加入雞粉、味醂調味。
5 最後放入馬鈴薯塊拌炒。
6 加水蓋過食材，煮開後轉小火續煮 20 分鐘，最後蓋上鍋蓋續燜 10 分鐘即可。

鹽水雞

說到製作雞肉料理，最簡單的方式就是白斬雞了。不過雞肉可不是放在鍋裡一直滾煮到熟就了事，這樣做出來的雞肉保證硬又柴。其實這是利用浸泡燜煮的方式來處理雞肉，不但成品鮮嫩多汁，也能節省瓦斯喔！

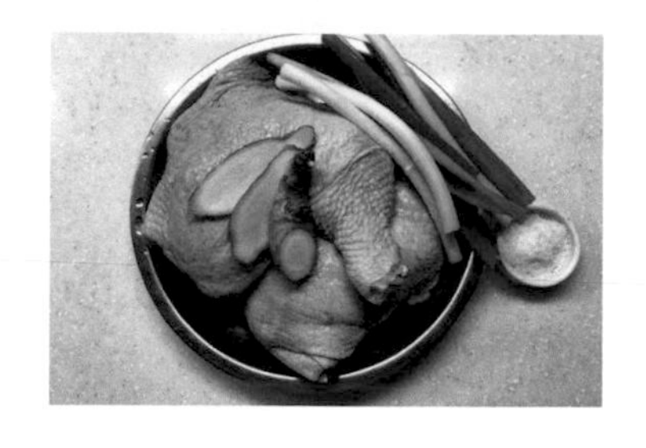

材料

大雞腿 2隻
蔥段 1根量
薑 3片
鹽 適量

作法

1 鍋內燒水約 8 分滿，蔥跟薑丟入滾煮一下。
2 放入雞腿，蓋上鍋蓋，續煮約 5 分鐘。
3 接著關火，繼續燜煮 20 分鐘，起鍋。
4 將煮好的雞腿用冷水或冰水冰鎮，保持雞皮彈性。
5 將鹽均勻抹在雞腿上，靜置 10 分鐘。
6 去除雞腿骨，雞腿肉切片排盤。

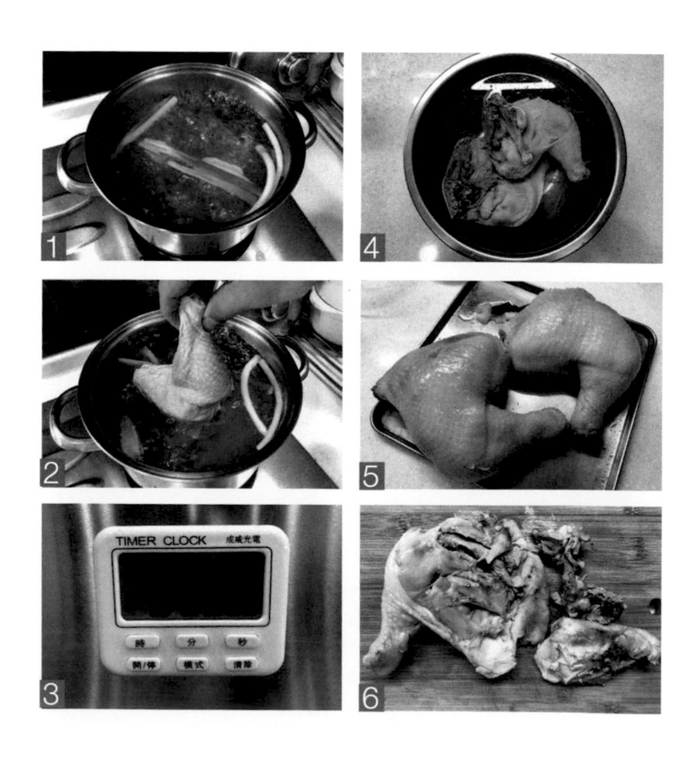

花菇雞湯

一般我們想要品嘗雞湯的滋味，往往都要吆喝三五好友一起開鍋才能喝到。其實一個人想喝到好喝的雞湯也不是很難，只要利用市售的雞翅腿來製作就可以了。花菇肉厚、滋味鮮美，拿來入菜可以補足肉雞本身較不足的鮮味。

材料

乾花菇 3朵
雞翅小腿 3隻
薑 3片
雞粉 1小匙

作法

1 將乾花菇加水發泡，泡好之後擰去多餘水分。取一小鍋，水裝至 8 分滿燒開後，先丟入薑片及花菇，以中火滾煮約 5 分鐘。
2 接著將洗好的雞翅腿下鍋。
3 以雞粉調味，以小火滾煮約 20 分鐘之後即完成。

三杯雞

三杯雞是非常經典的台灣料理，濃郁的醬味配上軟嫩的雞肉，不管對大人、小孩來說，都是相當下飯的好料。所謂的三杯，就是指一杯麻油、一杯酒加一杯醬油的意思。

材料

棒棒雞腿 2隻
蒜仁 8顆
薑 6片
辣椒片 少許
九層塔 1把
麻油 2大匙
醬油 1大匙
酒 2大匙
糖 2小匙
醬油膏 1大匙
味精 少許

作法

1 鍋內放少許油，先將雞肉煎至半熟。
2 取出雞肉，放入蒜仁、薑片爆香。
3 將雞肉回鍋，倒入麻油翻炒。
4 接著下醬油、酒、糖一起翻炒。
5 醬汁煮沸後下醬油膏。
6 放入辣椒片、味精調味，最後放入九層塔翻炒兩下，等九層塔熟了即完成。

CHAPTER 4

澎湃的海口味

海鮮料理

身處在海島，
飲食裡自然少不了海口味，
有時一尾虱目魚配上啤酒，
便足以勾起遊子內心揮之不去的鄉愁。

生炒花枝

這一道生炒花枝，我完全是去外面吃的時候偷看老闆煮，再回家自己研究變出來的。自己在家做來吃，除了乾淨衛生之外，最重要的是花枝愛吃多少就放多少呀！

材料

花枝肉 1小碟
高麗菜 1葉
蔥段 1/3根量
紅蘿蔔絲 少許
洋蔥絲 1小碟
辣椒片 少許
蒜末 1大匙
醬油 1大匙
味精 1小匙
沙茶醬 2大匙
柴魚粉 1小匙
太白粉 2大匙

作法

1 起油鍋，爆香蒜末、辣椒片、蔥段。
2 高麗菜切碎，連同洋蔥絲、紅蘿蔔絲一起入鍋續炒。
3 加入花枝肉一起炒。
4 將柴魚粉以外的味料都下鍋。
5 最後加入柴魚粉調味，以太白粉水勾濃芡後即完成。

Q：如何讓羹湯保持稠感呢？
A：用太白粉水勾芡的羹湯，冷掉之後會水化。若想要保持羹的稠感，可改用米漿或番薯粉勾芡，當然這種料理趁熱快吃完才是最美味的唷！

炒三鮮

這是館子裡常出現的料理，其實「炒三鮮」只是菜名，用料通常都超過三種以上，所以想要五鮮、六鮮其實都無傷大雅。豬肉片在這道菜裡，有增加風味及油脂滑口感的效果。海鮮食材不管是魚片、蝦仁、透抽、蟹肉都可以拿來利用，全看個人口味喜好。這道菜顏色有紅有綠，相當鮮豔好看，不管是餐桌家常或是擺桌宴客，都相當適合喔！

材料

蝦仁 50公克
蟹管肉 50公克
透抽 50公克
豬肉片 50公克
蒜末 1大匙
紅蘿蔔片 少許
薑絲 少許
豌豆莢 1小把
太白粉 少許
烹大師干貝風味粉 1小匙
香油 少許

作法

1 將所有海鮮料和豌豆莢用熱水稍微燙過，備用。
2 豬肉片用太白粉稍微抓過，備用。
3 起油鍋，先爆香蒜末。
4 加入豬肉片續炒。
5 放入紅蘿蔔片和薑絲一起炒。
6 加入豌豆莢及海鮮料拌炒，用烹大師干貝風味粉調味。
7 淋上香油即可。

佃煮馬鈴薯佐小卷乾

馬鈴薯是一種對身體健康相當有幫助的蔬菜，但過度油炸的烹調手法，反而讓它冠上「垃圾食物」的污名。如果我們用日式佃煮的方式來呈現，加上帶有濃濃海味的小卷乾，就能吃得開心又健康，一鍋縮小版的山珍海味就完成囉！

材料

馬鈴薯 1顆
小卷乾 1尾
蔥花 適量
鰹魚醬油 2大匙
清酒 2大匙
味醂 1大匙
糖 1小匙

作法

1 馬鈴薯去皮後切成長約 2 公分大丁。
2 小卷乾用剪刀剪成長約 4 公分大片。
3 鍋內加 500cc 的水，燒開後先將小卷乾下鍋。
4 加入調味料續煮。
5 再加入馬鈴薯丁，以小火滾煮約 20 分鐘後，蓋上蓋子續燜 10 分鐘，撒上蔥花即完成。

薑絲小卷

新鮮小卷買回家以後到底要如何料理比較好？其實新鮮的小卷只要稍加汆燙，不用加任何調味料就很美味。不過燙小卷總會吃膩，那就以最簡單的手法──加薑絲來炒，是除了生食跟汆燙之外，能吃到小卷最純粹味道的方式之一。

材料

新鮮小卷 1尾
薑絲 1把
辣椒片 少許
烹大師干貝風味粉或鹽 1小匙
酒 少許

作法

1 小卷分切處理好後切花刀，下鍋汆燙15秒撈起。
2 用冷水沖小卷，瀝乾備用。
3 起油鍋，先將小卷下鍋翻炒。
4 加入薑絲拌炒。
5 放入烹大師干貝風味粉或鹽調味。
6 最後淋上一點酒，加入辣椒片拌炒兩下即可。

味噌豆醬虱目魚肚

虱目魚是台灣很具代表性的養殖魚種之一，其蛋白質含量豐富，營養成分相當高，國外甚至把牠取名為「牛奶魚」，其價值可見一斑。傳統料理虱目魚的方法不外乎是滷、煮或乾煎。這道料理利用日式味噌魚的概念去製作，特別加入了台灣傳統豆醬的元素，讓這道料理更有在地風味。

材料

虱目魚肚 2片

豆醬 2大匙

味噌 2大匙

酒 2大匙

作法

1 將虱目魚肚對切，備用。
2 豆醬、味噌、酒調和成醃料。
3 將醃料均勻抹在虱目魚肚上。
4 拿廚房紙巾蓋住。
5 再用保鮮膜封好，放進冰箱醃漬 1 天。
6 取出虱目魚肚，用清水將醃料洗淨，並用廚房紙巾拭乾水分。
7 將虱目魚肚下鍋，以小火慢煎至魚肉表面呈金黃色。

家常紅燒旗魚

旗魚屬於大型魚種，在市場上多是分切出售，一般家庭應該沒有人會買整尾的旗魚回家吧？小時候我也是每餐無「旗魚生魚片」不歡，自然家中就會備這種海魚。以前奶奶總是用薑絲及醬油來料理旗魚肚，燒魚的醬汁澆到白飯上，真的會讓人忍不住多扒幾碗飯。

材料

旗魚肉 150公克
薑絲 1小把
蔥花 少許（裝飾用可省略）
小蘇打粉 1公克
醬油 2大匙
冰糖 1大匙
米酒 ½杯

作法

1 將旗魚切成約一口大小的塊狀，先用小蘇打粉加點水略醃 15 分鐘。
2 將魚肉下油鍋，煎至兩面略呈金黃。
3 轉小火，倒入醬油及冰糖稍微拌炒。
4 倒入米酒，開中火煮至湯汁沸騰。
5 均勻撒上薑絲，煮至稍微收汁、酒精揮發殆盡無酒味即可；起鍋稍微擺盤，撒上蔥花裝飾。

Q：怎麼樣可以讓旗魚吃起來軟嫩呢？
A：旗魚煮熟後肉質會較硬，烹調前抓一點點小蘇打粉，可以讓肉質吃起來較軟。

古早味紅燒魚

這是一道非常下飯的料理，也是過去家家戶戶媽媽們幾乎都會煮的一道家常菜。小時候家裡餐桌上出現這道，最喜歡將燒魚的醬汁淋在熱騰騰的白飯上，跟澆滷肉汁有異曲同工之妙，風味卻截然不同。不管是鮮魚或是已經煎熟的魚，都可以拿來製作。

材料

魚排 1～2片（約200公克）
蔥段 1枝量
蒜末 2顆量
薑絲 少許
辣椒片 適量
鹽 1小匙
醬油 2大匙
糖 2小匙
米酒 1大匙

作法

1 將魚排洗淨、擦乾，撒上一點鹽略醃，備用。
2 起油鍋，先將魚排煎至兩面金黃，取出備用。
3 在原本的鍋內爆香蔥段、蒜末，再加入醬油、糖調味。
4 倒入米酒，煮沸後放入薑絲及辣椒片。
5 放入煎好的魚排，以小火繼續紅燒約 5 分鐘，醬汁如果不夠可以加半杯水。

海底雞

鰹鮪科的魚種在市場上一直不是相當昂貴的食材，不過也由於肉質比較不細緻，所以大部分都是先加工熟成過，方能得到最佳口感。鮪魚罐頭是大家很容易可以取得的食材，其實在鰹鮪季節新鮮魚肉相當便宜，自己在家做，安心又健康。

材料

鰹鮪類魚肉 300公克
沙拉油 1杯
辣椒 隨喜
鹽 1大匙
味精 1小匙

作法

1 玻璃罐先用熱水煮過消毒，晾乾備用。
2 鍋內燒水，沸騰後加入鹽煮成鹽水；魚肉分切成條狀，下鍋煮熟後，關火加味精繼續浸泡至水變涼。
3 取出魚肉，晾乾放涼（也可以用電風扇吹涼）。
4 將晾乾後的魚肉放進玻璃罐中，放入切片的辣椒。
5 在玻璃罐內注滿沙拉油。
6 放入冰箱冷藏約 2 天熟成即可。

蛤蜊蒸魚

蒸魚大家常吃，但是像大比目魚這種冷凍再解凍的魚，鮮度往往沒有生鮮魚肉來得好。最簡單的解決方式就是加一些人工鮮味劑，但是許多人會顧慮到這些添加物對人體有害，其實利用新鮮的蛤蜊來入菜，不但能增加蒸魚的鮮味，整道菜看起來視覺效果也更加豐富。

材料

大比目魚 1片（約200公克）
蛤蜊 200公克
蔥段 1根量
薑絲 1小把
辣椒片 少許
香油 少許
鹽 少許
酒 少許

作法

1 盤內先鋪上一半薑絲，淋上少許香油。
2 將魚排、蛤蜊均勻鋪在盤中，再將蔥白段、剩下的薑絲鋪在魚排上，撒鹽、淋酒。
3 將盤子放入蒸籠裡蒸 10 ～ 12 分鐘，或放進電鍋，外鍋加 1 杯水蒸熟，取出後撒上蔥綠段及辣椒片即可。

1

2

1

3

蔥爆蝦

喜歡吃海鮮的朋友，一定都對鮮蝦很難抗拒。只是在外面吃蝦子料理往往所費不貲。像夏天蝦類盛產季節時，個頭大、品質好，相對價格也便宜。新鮮蝦子不需要很冗長的烹調過程，下鍋快炒不用幾分鐘就可輕鬆完成，吃得也安心。

材料

中型白蝦 6尾	辣椒片 少許
蒜末 1大匙	米酒 少許
蔥花 少許	鹽 1小匙
薑絲 1小把	味精 1小匙

作法

1 起油鍋後，先爆香蒜末。
2 接著下蔥花續炒。
3 大火下鮮蝦拌炒。
4 鍋內熗些米酒，加入薑絲和辣椒片，最後用鹽及味精調味即可。

韓式辣炒章魚

辣炒章魚在韓國當地是相當膾炙人口的一道料理，坊間甚至還有辣炒章魚專賣店，可見這道菜受歡迎的程度。在家想要製作這道菜其實也不難，因為現在在台灣很容易取得韓式調味料，快去準備小章魚、韓國辣椒粉及辣味噌吧！

材料

小章魚 200公克
蒜仁 5瓣
蔥段 1根量
韓式辣味噌 1大匙
韓式辣椒粉 1大匙
酒 2大匙
醬油 1大匙
糖 1小匙
味精 1小匙

作法

1 小章魚分切成容易入口的大小。
2 先將蒜仁以壓泥器壓成蒜泥。
3 將所有調味料混合，連同蒜泥調成韓式辣醬汁。
4 在鍋內爆香蔥段後，將切好的小章魚下鍋翻炒。
5 等章魚稍微收縮之後，淋上作法 3 的韓式辣醬汁煮開，再拌炒收汁即可。

冰箱的料理物語──第三話

一個人上菜市場

此起彼落的吆喝聲，
環繞在新鮮直送的產物漁獲旁。

「帥哥，這魚尚青ㄟ喔！早上剛撈上來，一斤算你一百！」
「高麗菜幫你挑漂亮一點的，來～再多送你蔥啦！」

小販菜鋪的活力凝聚在晨起的早市，
也結束在黃昏的市場，
一個人好好生活，
就從上市場為自己挑選食材開始。

CHAPTER 5

滿滿的元氣
蛋料理

黃橙橙的蛋，
如同升起的太陽，供給人們活力與養分，
一個人的早晨，就大口地吃吧！

LODGE

大力水手培根

看日劇《孤獨的美食家》時覺得這道菜好吃易做，自己買了材料回來試做，果然簡單又美味。除了菠菜稍有季節限制，其他食材還算容易取得。培根煙燻的香味，跟蛋本身的香氣超級契合。菠菜含有豐富營養與纖維素，巧妙地扮演著「均衡一下」的角色，又因「大力水手」卜派愛吃菠菜，而成為菜名的由來。一起來動手做，嘗嘗日劇中主角五郎發現的驚喜滋味！

材料

雞蛋 2顆
培根 2片
菠菜 1棵
雞粉 1小匙
粗粒黑胡椒 1小匙

作法

1 雞蛋加雞粉打成蛋液，起油鍋，將蛋液下鍋先略煎，然後用筷子快速攪散成炒蛋，起鍋備用。
2 用原來的鍋子續煎培根，煎至培根稍微出油。
3 放進切段的菠菜拌炒。
4 將炒好的蛋加入一起炒，撒上粗粒黑胡椒拌炒均勻即可。

玉子燒

日式玉子燒是一道小朋友非常喜愛的雞蛋料理，其實在日本當地的玉子燒，嘗起來的口味是甜的唷！因為本身不喜歡吃太甜，就用味醂取代砂糖。煎好的玉子燒可以用壽司捲簾稍微塑形，就能讓玉子燒看起來方方正正的，煎好的成品可以放在冰箱保存一段時間，想吃隨時都可以切來吃，真的超方便的。

材料

雞蛋 3顆
味醂 1大匙
美乃滋 1大匙
烹大師鰹魚風味粉 1小匙

作法

1 將所有材料混合，打成蛋液。
2 取一個玉子燒專用煎鍋，先在裡面抹上薄薄一層油，開火燒熱。
3 用大湯匙舀 1 匙蛋液倒入鍋內，搖晃鍋子讓蛋液均勻鋪平。
4 等蛋液稍微凝固後，由前往後將蛋皮捲成蛋捲。
5 將捲好的蛋捲往前推到底，再倒入新的蛋液。
6 重複作法 3 ~ 5，直到玉子燒成形。
7 趁熱用壽司捲簾塑形，切片即可食用。

菜脯蛋

菜脯蛋是相當經典的台灣菜，表面煎得「恰恰」的煎蛋，裡面包著香香脆脆的碎蘿蔔乾。加點胡椒鹽跟蔥花提味，不論當成下飯菜或是三五好友小酌的小菜，都相當合適。

材料

雞蛋 3顆
碎菜脯 1小把
蔥花 1小把
胡椒鹽 1小匙
香油 1小匙

作法

1 將所有材料放入碗裡拌勻。
2 起油鍋，將蛋液下鍋以中火慢煎。
3 等蛋液稍微凝固，用筷子從中間攪拌，可使蛋吃起來更鬆軟。
4 如會甩鍋請直接翻面，不會甩鍋的話，可以先將蛋取出放在盤子上，再將盤子倒扣回鍋，即可完成翻面動作。
5 將另一面也煎到表面微酥之後取出，用刀切成 6 等分擺盤即可。

洋蔥炒蛋

在蛋料理裡面，洋蔥炒蛋算是一道相當容易上手的料理。煮這道菜的祕訣在於把洋蔥炒至透明變軟，這樣洋蔥本身的甜味就會完全釋放出來。

材料

雞蛋 3顆
洋蔥絲 ½顆量
雞粉 1小匙

作法

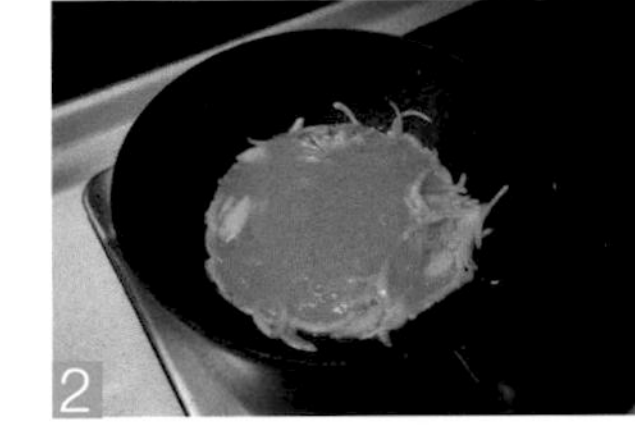

1 將洋蔥絲下鍋，翻炒至呈半透明感。
2 炒洋蔥的同時，將雞蛋打入碗裡，加入雞粉打成蛋液；將蛋液下鍋，稍待 10 秒讓蛋液稍微凝固。
3 用筷子攪動蛋液，這時炒蛋的樣貌會逐漸成形。
4 最後將炒蛋撥散，讓多餘的水分蒸發即完成。

Q：炒蛋要怎麼炒才好吃？
A：當蛋液下鍋之後，稍微凝固時用筷子攪拌，可以讓炒蛋的口感吃起來更加鬆軟。

番茄炒蛋

說到番茄炒蛋的材料，其實各家配方不同，不過最基本的番茄、蛋是一定要的（廢話！）。當然，在一片鮮紅中，也要來點蔥花點綴。番茄炒蛋要煮得好吃，最重要的步驟，就是幫番茄「脫衣服」！為什麼會說這個步驟很重要呢？因為番茄皮本身相當耐煮，尤其在這種快炒菜裡如果沒經過這道手續，通常會吃到沒有煮軟的皮，口感相當不好吃。番茄去皮後比較容易吸取醬料，也軟得比較快！

材料

雞蛋 3顆
大番茄 2顆
番茄醬 2大匙
糖 少許
鹽 少許
蔥花 少許
烏醋或梅林辣醬油 少許

作法

1 首先用刀在番茄上輕輕劃個十字，水煮沸後將番茄下鍋燙約 30 秒。
2 將燙過的番茄放在冷水下沖一下，這時番茄的皮會有點皺，順著十字的部分輕輕一剝，番茄皮就剝除囉！
3 蛋液打勻之後，先下鍋炒至半熟備用。
4 將蔥花爆香之後，放入切丁的剝皮番茄以小火拌炒。
5 等到番茄稍軟，放入番茄醬、糖一起炒；炒至香味出來時，再放入半熟蛋拌炒，讓醬料充分拌勻之後，拌入烏醋或梅林辣醬油提味，若不夠鹹再自行加鹽調味即可。

蒸蛋

如果說玉子燒是大家都很愛的料理，我想蒸蛋應該更勝於藍。收錄這一道料理的考量其實很簡單，一個人在家，也可以享受這種熱騰騰的滑嫩感。

材料

雞蛋 1顆	蝦仁 2隻
燙海鮮料的高湯 30cc	蛤蜊 5顆
煮熟的雞胸肉 隨喜	透抽 2片
魚板 隨喜	烹大師干貝風味粉 1小匙

作法

1 將雞蛋加入烹大師干貝風味粉打散，過篩備用。
2 加入放冷的高湯（蛋液和高湯的比例約1：1），拌勻。
3 放入煮熟的雞胸肉和魚板。
4 進蒸籠，蓋上盤子，用大火蒸 10 分鐘。
5 趁蛋液還沒凝固，把燙熟的蝦仁、蛤蜊等海鮮料擺上，再蒸 5 ～ 6 分鐘至蛋液凝固即完成。

三色蛋

我想沒有什麼料理，可以像三色蛋一樣把市面上所有的蛋品一次通殺了。不管是鮮蛋、鹹蛋或是皮蛋，都是這道菜不可或缺的元素。蒸蛋時先將保鮮膜鋪在碗裡，能有效防止蛋液沾黏，脫模相當方便。也因為皮蛋、鹹蛋本身已有風味，調味只需要一點點雞粉，製作起來相當方便又好吃。

材料

鹹蛋 1顆
皮蛋 1顆
雞蛋 3顆
蔥花 少許
雞粉 1小匙

作法

1 取一中碗，將保鮮膜均勻鋪在碗底。
2 鹹蛋去殼後切成 4 等分，排成十字鋪在碗底；皮蛋去殼後也切成 4 等分，穿插擺在鹹蛋間。
3 將雞蛋的蛋白與蛋黃分離，備用。
4 蛋白加入雞粉打散後，均勻倒入碗中，入鍋蒸煮約 15 分鐘。
5 蛋黃加入蔥花打成蛋黃液。
6 將蛋黃液倒進已蒸煮 15 分鐘的蒸蛋上層，再續蒸 5 分鐘定形。
7 最後將碗倒扣在盤上，將三色蛋取出，冷卻之後切片。

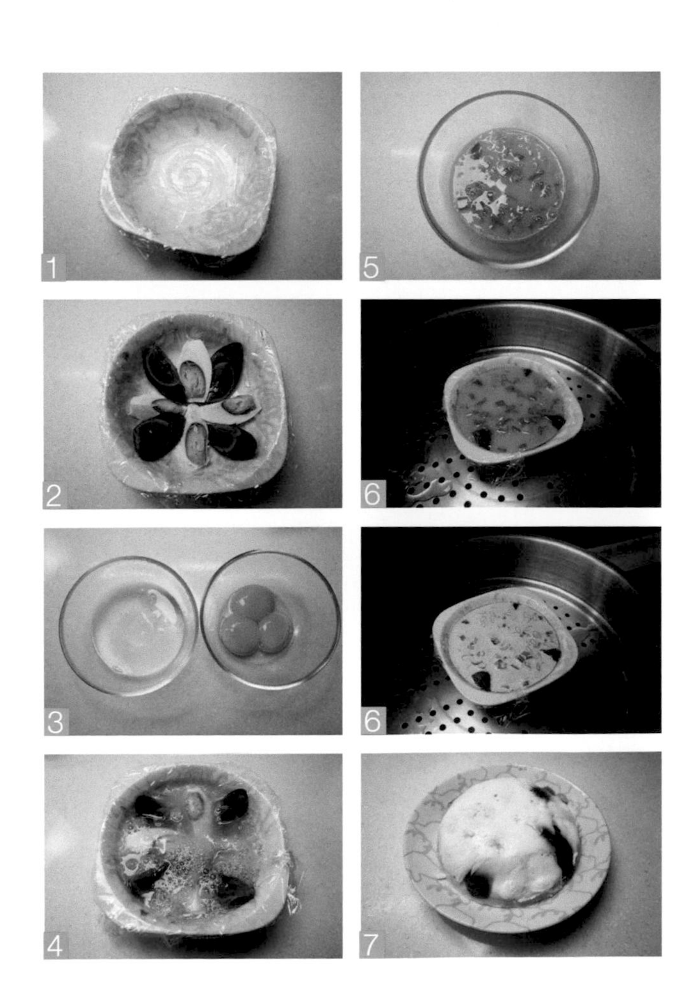

蚵仔烘蛋

冰箱是生長在台灣海線的小孩，小時候家裡餐桌上的烘蛋可不簡單，除了雞蛋之外還多加了最新鮮的蚵仔。新鮮蚵仔本身就很鮮甜，加到蛋液裡面一起烘，蚵仔受熱後所釋出的水分，就是最天然的味精唷！

材料

雞蛋 3顆
蚵仔 ½碗
蔥花 隨喜
鹽 1小匙
白胡椒 少許
油 1大匙

作法

1 鍋裡放約 1 大匙油燒熱，雞蛋打成蛋液，並用鹽及白胡椒調味，與蚵仔混合拌勻，下鍋。
2 等蛋液稍微成形後，撒上蔥花，蓋上鍋蓋，以小火慢煎至蛋凝固。
3 取一個盤子，將蛋滑出盛在盤上。
4 接著將盤子倒扣回鍋，將蛋續煎至雙面「恰恰」（微酥）即可。

醬油蔥蛋

這應該是最簡單、最基本款的煎蛋方式，可以煎成蛋餅也能做成炒蛋，拿來配飯，夾饅頭、吐司都相當適合。

材料

雞蛋 3顆
蔥花 ½碗
醬油 1大匙
味精 1小匙

作法

1 將雞蛋打散後加入蔥花，再放進調味料拌勻。
2 起油鍋，先將蛋液下鍋以中火煎；等到蛋液稍微凝固，拿筷子攪動蛋膜，可讓口感更鬆。
3 將蛋對折，續煎即成蛋捲。
4 或是拿鍋鏟將蛋捲鏟碎，就成了好吃的醬油蔥花炒蛋。

冰箱的料理物語──第四話

進階版的下廚人生

自從開店以後，
早出晚歸是常有的事，
有時忙起來，只有一根菸的時間可以喘口氣；
目送客人離去時的滿足笑容，
收拾起桌上剩下的空碗盤也有無比成就感。

午夜時分在回家的路上，
生理電力已接近 0%，心裡卻是飽滿的，
回到家簡單為自己做頓宵夜，啜飲啤酒，
原來，一個人生活也很不賴。

CHAPTER 6

少不了的飲食均衡
蔬菜料理

一日無蔬果，便覺面目可憎，
健康豐富的營養，鮮甜清爽的滋味，
好好照顧飲食，是對身體負責的最好證明。

梅汁苦瓜漬

炎炎夏日，來道清爽的苦瓜料理退火最適合不過。很多人不敢吃苦瓜，但只要前置處理時將苦瓜裡面那層膜刮乾淨，其實就不需要往「人上人」的路邁進了。利用梅汁醃漬過的苦瓜，吃起來爽脆酸甜，放在罐頭裡面冷藏，可以保存相當久的時間。

材料

苦瓜 1條
話梅 20顆
糖 ½杯
鹽 1大匙

作法

1 先將話梅加上糖煮成梅汁，放涼備用；苦瓜洗淨剖半，去掉籽後，用湯匙把剩下的薄膜刮乾淨。
2 將苦瓜切成自己喜愛的形狀。
3 切好的苦瓜用鹽抓一抓，靜置一下讓苦瓜出澀水。
4 接著用冷水沖乾淨，順便去除多餘鹽分，再裝瓶注入梅汁，放到冰箱醃漬 2 天左右入味就可以了。

Q：有沒有更簡單的作法呢？
A：如果家裡有新鮮青梅醃漬的梅汁或是外面買回來的紫蘇梅汁，可以直接加糖應用在這道料理上。

茄汁燒豆包

這一道菜在外面的自助餐很常見，新鮮的豆包油炸之後，放進酸甜的茄汁裡面煨煮。豆包將茄汁吸飽吸滿，是老少咸宜，非常開胃下飯的一道料理唷！

材料

新鮮豆包 2塊
洋蔥絲 少許
蔥段 1根量
番茄醬 3大匙
糖 1小匙
烏醋 2大匙

作法

1 先將買回的豆包以半煎炸的方式炸好。
2 鍋內留下 1 匙油的量，將洋蔥絲、蔥段下鍋爆香。
3 接著加入番茄醬、糖拌炒均勻。
4 加入 1 碗水燒開，將炸好的豆包入鍋，蓋上鍋蓋小火煨煮至入味即可。

四季豆蒼蠅頭

這原本是餐廳老闆利用手邊剩下材料炒來當員工餐的菜色，意外受到好評正式成為一道名菜。一般是用韭菜花製作，換成四季豆來做，風味也不錯，食材取得簡單又相當下飯！

材料

絞肉 30公克
蒜末 1大匙
豆豉 1大匙
辣椒末 1大匙
切碎的四季豆 1碗
鹽 少許

作法

1 起油鍋爆香絞肉及蒜末。
2 接著放入泡過水的豆豉一起續炒。
3 加入辣椒末。
4 最後加入四季豆翻炒至熟透，再視個人口味加鹽調味。

和風醬油漬金針菇

台灣人很會種菇，所以市面上琳瑯滿目的菇種，讓人在選購時常常出現「選擇障礙」；不過在這麼多種菇裡面，最膾炙人口的應該就是金針菇了。台灣人的飲食習慣跟日本人很像，坊間就有一種醬油金針菇的罐頭，雖然好吃，價格可不太平易近人。其實新鮮金針菇在台灣很好買到也便宜，自己在家做好冰起來，隨時要配飯、粥、麵都很方便；重點是成本還相當低的。

材料

金針菇2包
醬油½杯
味醂1½杯

作法

1 金針菇洗淨，切成約4公分的小段。
2 鍋內放約300cc的水燒開，將切好的金針菇下鍋煮。
3 約莫煮15分鐘，湯汁略稠的時候，加入醬油跟味醂調味及調色，調味完再次煮沸即熄火（建議大家調味時一定要嘗一下濃淡，依照個人口味調整）。
4 準備乾淨的玻璃罐，將剛剛煮好的菇裝進去約9分滿，蓋上蓋子倒放，冷卻之後玻璃罐即密封，最後放進冰箱冷藏2天即可。

蘑菇炒德國香腸

過去在遇到颱風的日子裡，很多時候只能靠泡麵和罐頭度日。其實家裡可以常備一些耐久放易儲存的食材，如香腸、洋蔥這一類，只要稍作搭配變化，就能變出一道美味又好吃的幸福料理喔！這道料理可做單品，也可成為排餐配菜，好吃又方便。

材料

洋蔥 ½顆	水 半碗
蒜末 3瓣量	黑胡椒 少許
洋菇 約1碗量	雞粉 1小匙
德國香腸 2條	蔥花 少許

作法

1 洋蔥切塊，放入鍋內略炒，再加入蒜末續炒。

2 將切好的洋菇下鍋拌炒。

3 加入切片德國香腸後，倒入半碗水，等煮滾後，加入黑胡椒及雞粉調味。

4 最後撒上蔥花即可。

開陽花菇炒白菜

開陽白菜是一道相當經典的中式蔬食料理，所謂開陽，指的就是蝦米。我個人相當喜歡吃花菇，剛好手邊有，就來把這道傳統的料理注入新的元素吧！

材料

蝦米 1小把
乾花菇 數朵
白菜 ¼棵
鹽 1小匙

作法

1 將蝦米泡水約 20 分鐘瀝乾，去除多餘鹽分。
2 起油鍋，將蝦米下鍋爆香，加入泡發後切絲的花菇一起拌炒。
3 將白菜下鍋，倒入約半碗水，蓋上鍋蓋，讓食材以文火慢燜。
4 大約等白菜都已熟成變軟，加入鹽調味即可。

涼拌大頭菜

冬季是大頭菜的盛產時期，吃法一般來說不是涼拌就是煮湯，都很方便。選購大頭菜的時候，可以盡量挑選有帶葉的。一來可以判斷大頭菜的新鮮與否，再來就是葉子和梗，泡過鹽水後還可以做成雪裡紅，可謂是除了皮之外，一點都不浪費。涼拌大頭菜製作的訣竅，在於把澀水完全排除，如果有吃辣，加點朝天椒風味會更棒。

材料

大頭菜 1顆
蒜末 3大匙
香菜末 1大匙
辣椒末 1大匙
香油 少許
鹽 1小匙
味精 1小匙

作法

1 用刨刀將大頭菜外面的硬皮削除，切成約 0.3 公分厚片狀。
2 把大頭菜放入碗裡加鹽抓一抓，靜置 20 分鐘讓大頭菜的澀水排出。
3 接著用冷水沖去多餘的鹽分。
4 大頭菜與蒜末、香菜末、辣椒末及鹽、味精混合拌勻。
5 最後加入香油拌勻。
6 放在冰箱冷藏約 1 小時，讓調味料入味即可。

雪菜肉絲炒豆干

雪菜就是雪裡紅，是以前的人因為「惜福」而發明的醃菜。像蘿蔔葉直接吃太硬，就可以利用泡鹽水軟化後再烹煮。基本上只要是綠色帶梗的葉菜，都能拿來做成雪菜，反正只要是買到不喜歡的葉菜，都可以拿來做雪裡紅；只要記得「雪裡紅」是一種醃菜的名稱，沒有生鮮蔬菜叫作「雪菜」唷！醃過的雪菜本身就帶有鹹味，拿來炒豆干基本上是不用再多調味的，當然大家可以視自己口味斟酌調味。

材料

肉絲 少許
五香小豆干 3片
雪裡紅 1碗
辣椒片 少許

作法

1 起油鍋，先將肉絲下鍋爆香至變白。
2 豆干切丁，切好後放入鍋裡續炒。
3 加入切碎的雪裡紅，倒入 50cc 的水，一起翻炒至熟。
4 最後加入辣椒片即完成。

Q：雪裡紅的自製方法？
A：將洗淨的葉菜，泡在 5% 的鹽水裡至菜軟即可。

薑絲炒麵腸

薑絲炒大腸是一道很具代表性的客家料理，有些人不敢吃內臟類卻又想嘗嘗這道料理的風味的話，只要把大腸改成素食的麵腸，口感一樣香Q好吃喔！

材料

小麵腸 4條
蒜末 1大匙
薑絲 1把
酸菜絲 1把
辣椒片 少許
糖 1小匙
味精 1小匙
醋 2大匙

作法

1 將麵腸切成約 0.5 公分薄片，下鍋煎至兩面呈金黃色。
2 加入蒜末、薑絲翻炒，再放入酸菜絲一起續炒。
3 倒入約半碗水，拌勻之後燒開收汁；湯汁收得差不多後，加入糖及味精調味，再將醋下鍋。
4 最後關火撒上辣椒片拌勻即可。

榨菜肉絲

榨菜肉絲麵是外面很常見的一道麵點，其實同樣的作法，不用加麵拿來當一道菜也非常下飯好吃。榨菜本身含鹽量相當高，如果不喜歡吃重口味的人，記得在烹調之前先將榨菜過冷水去鹽分，料理起來會更對味。

材料

肉絲 50公克
榨菜絲 50公克
小白菜 1棵
蒜末 1大匙
辣椒片 少許
蔥花 少許
胡椒粉 1小匙

作法

1 蒜末下鍋爆香，將肉絲下鍋，炒至肉絲變白後，加入胡椒粉拌炒。
2 接著將榨菜絲下鍋翻炒。
3 加入切段的小白菜。
4 倒入約半碗的水，煮開，稍微收汁後關火，加入辣椒片、蔥花拌勻即可。

Q ：榨菜肉絲還有其他吃法嗎？
A ：直接拌麵就是榨菜肉絲乾拌麵了。

韓式熱拌香菇甜豆

在韓國料理裡面，純芝麻油是相當重要的經典元素。韓國的芝麻油味道不會很重，不論蘸、拌、煮都相當適合。甜豆及香菇本身的鮮甜滋味就滿檔，稍微汆燙後，加上鹽、薑絲以及韓國芝麻油簡單涼拌，就是一道非常適合夏天的開胃菜。

材料

甜豆 1碗
鮮香菇 1碗
薑絲 少許
蒜頭 2顆
韓國芝麻油 2大匙
鹽 1小匙

作法

1 將甜豆去除硬絲，香菇切片，備用。
2 甜豆下滾水汆燙30秒起鍋，接著將甜豆用冷水沖涼，瀝乾備用。
3 在原本的鍋內繼續汆燙香菇片，熟透撈起備用。
4 所有材料放入攪拌碗中，加入鹽，最後倒進韓國芝麻油，攪拌均勻即完成。

麻婆豆腐

麻婆豆腐是一道相當經典的中式家常料理，也是在日本相當受歡迎的中華料理名菜。因為口味較重，所以非常下飯。麻婆豆腐主要吃的是「麻」，而麻的主要來源就是花椒。這道菜用到的調味料以市面容易買到的花椒粉與麻辣醬來調味，會比較方便；但如果想講究點，可自行換成品質較高的花椒，滋味一定會更棒。

材料

蒜末 1大匙	花椒粒 少許
絞肉 50公克	鹽 少許
豆腐 1塊	味精 少許
蔥花 1小把	太白粉 少許
市售麻辣醬 2大匙	花椒粉 1小匙

作法

1 起油鍋，燒熱後先爆香蒜末和絞肉。

2 接著加入麻辣醬及花椒粒爆香。

3 加入約半碗水燒開，加調味料後放入豆腐煨煮一下。

4 煨好的豆腐，淋少許太白粉水勾薄芡即可擺盤，最後再撒上花椒粉跟蔥花。

GOZENBO

CHAPTER 7

吃好也要吃飽

飯麵主食料理

當蛋與米飯結合，
當米粉遇上麵條，
每每激盪出最簡單也最飽口的飯麵料理，
吃進嘴裡，胃囊和心裡都是滿滿的。

蛋炒飯

回家後如果肚子很餓，想要快速解決一餐，我想來個蛋炒飯是最方便省時的。蛋炒飯的材料包括白飯，都很容易保存在冰箱，想吃的時候不消三兩下功夫，一份熱騰騰又好吃的蛋炒飯就完成囉！學會這道成為基礎，之後就可以任意加入自己喜愛的配料，變化出更多口味的炒飯喔！

材料

雞蛋 2顆
高麗菜碎 1碗
白飯 1碗
蒜末 1大匙
蔥花 1大匙
醬油 2大匙

作法

1 將雞蛋下鍋，以筷子撥碎蛋液煎成碎蛋取出，備用。
2 在原本鍋內爆香蒜末，使蒜末在鍋裡稍微煎炸久一點成蒜酥。
3 加入白飯續炒，用煎匙將飯粒壓散，加入高麗菜碎、炒好的碎蛋炒勻。
4 將炒飯推開至鍋邊，在鍋面淋上醬油，拌炒均勻。
5 關火，撒上蔥花拌勻。

肉絲炒飯

肉絲炒飯可以說是蛋炒飯最簡單的變化款，基本上除了多了肉絲跟蔬菜，其他備料大致上都是一樣的。這道料理的訣竅在於，一定要等到肉絲炒到都變白再調味，這樣調味料才容易附著，才會更香。

材料

雞蛋 1顆
蒜末 1大匙
高麗菜碎 1小碗
肉絲 1小把
白飯 1碗
蔥花 1大匙
醬油 少許
鹽 少許
胡椒鹽 少許

作法

1 起油鍋，先將蛋液下鍋，再用筷子稍微撥碎。
2 將炒蛋撥到鍋邊，接著蒜末下鍋爆香，炒勻。
3 加入高麗菜碎拌炒，加入肉絲，炒至肉絲變白，放入白飯拌炒。
4 加入醬油以及調味料拌炒均勻，關火後撒上蔥花拌勻。

TABAS

蝦仁炒飯

以蛋炒飯為基底，加上新鮮蝦仁之後，就成為一款相當美味的海鮮炒飯。一般外面餐館因為成本考量多是採用發泡蝦仁，這種蝦仁一遇熱就會縮水，且吃起來沒有蝦味、個頭又小，真是不過癮。自己要吃的，不妨就跟冰箱一樣採買鮮蝦回來自己剝，不但美味，大蝦仁鋪在炒飯上光看就過癮！

材料

雞蛋 1顆
鮮蝦 6尾
蒜末 1大匙
白飯 1碗
小白菜 2葉
蔥花 1大匙
米酒 少許
太白粉 少許
胡椒鹽 2小匙
烹大師干貝風味粉 1小匙

作法

1 起油鍋，先將雞蛋下鍋煎，用筷子撥碎，起鍋備用。
2 鮮蝦剝殼後去掉腸泥，用米酒、太白粉、1 小匙胡椒鹽稍微抓醃 2 分鐘。
3 將醃好的蝦仁下鍋煎炒，至蝦子蜷曲變紅即可起鍋。
4 蒜末下鍋爆香，加入白飯拌炒一下，放入切絲的小白菜續炒，加入烹大師干貝風味粉、1 小匙胡椒鹽調味。
5 最後將炒好的蛋及蝦仁下鍋翻炒幾下關火，撒上蔥花利用餘溫拌勻。

綜合海鮮粥

如果不想要搞得滿身油煙，那麼煮一小鍋海鮮粥來吃，是最適合不過了。本道料理重點在於熬粥時，加入香煎過的碎魚肉一起煮成粥底；海鮮料除了蛤蜊、蝦子、透抽等基本款外，也可隨自己喜好添加，營養滿點。

材料

白肉魚排 1片
透抽 ½尾
鮮蝦 4尾
中型蛤蜊 10顆
白飯 1碗
芹菜珠 少許
蔥花 少許
烹大師鰹魚風味粉 1小匙
鹽 少許

作法

1 魚排去刺，下鍋香煎至表面呈金黃色。
2 將魚排瀝乾油，放至冷卻後去掉魚皮，將魚肉弄碎，備用。
3 取一中型砂鍋裝水 8 分滿燒開，先將透抽、鮮蝦、蛤蜊燙熟，撈出備用。
4 將白飯倒進砂鍋裡熬煮成粥底，加入碎魚肉一起熬煮，用烹大師鰹魚風味粉及鹽調味；取容器裝進粥底，擺上汆燙好的海鮮料，撒上芹菜珠及蔥花即可。

牛排炒烏龍

這道菜是我在日本第一次下廚時炒出來的，只不過當時用的是日本國產A5和牛，因為日本和牛的油脂含量相當豐富，不需另外添加牛油香味就很足；但在台灣不容易取得日本和牛，所以利用一般牛排來做也可以。市面上現成的牛油很少，買回家自己炸放在冰箱可以吃很久；如果自製牛油有困難，可以把這道改成去骨牛小排來做，成功率會提高很多。

材料

烏龍麵 1份
牛排 ½塊或去骨牛小排 2片
牛油 1大匙
白菜或高麗菜 1小把
蔥花 1小把
醬油 1大匙
糖 2小匙

作法

1 烏龍麵先用熱水燙開，瀝乾，備用。
2 牛排乾煎至約 3 分熟起鍋。
3 將牛排切成適量大小片狀，如果是一般牛排，記得切薄一點。
4 鍋內放入牛油，牛油融化後將牛肉丟進去拌炒兩下。
5 放進烏龍麵拌炒，加入醬油、糖調味。
6 加入蔬菜拌炒至熟，關火，拌進蔥花即完成。

肉絲炒米粉麵

第一次吃到米粉麵是在澎湖港邊的小店，這種油麵跟米粉拌在一起吃的口感層次相當特別。只是在家自己做，市售的麵條、米粉分量都很多，一個人吃不完。其實別擔心，只要利用市售的肉燥泡麵跟米粉泡麵來做，分量剛剛好。調味直接利用泡麵裡的調味包，快速、方便又好吃。

材料

肉燥泡麵 1包
肉燥米粉 1包
肉絲 少許
韭菜段 1小把
紅蘿蔔絲 少許
蔥段 1根量

作法

1. 泡麵與米粉先用熱水泡開，瀝乾水分，備用。
2. 將調味包的豬油先下鍋，爆香蔥段，再加入肉絲翻炒，韭菜段、紅蘿蔔絲下鍋續炒。
3. 放入泡好的米粉與麵條，翻炒兩下後加半杯水拌勻。
4. 最後用泡麵的調味粉包調味，鹹淡請自行斟酌。

韓式部隊鍋

這是源自韓國早期物資缺乏的美援時代，韓國人將美國軍方發放的罐頭、火腿、香腸等食物，連同速食麵一起煮出來，所以叫作「部隊鍋」。部隊鍋的煮法大同小異，火腿、起司、年糕、香腸、泡菜這幾款料備齊，大致上就差不多了。當然，也別忘了主角──韓國辛拉麵。

材料

辛拉麵 1包	牛肉火鍋片 2片
韓國年糕 2條	德式香腸 1條
豆芽菜 1小把	韓式泡菜 少許
起司 1片	蔥花 少許
火腿 1片	

作法

1 取一小鍋燒水約 500cc，將辛拉麵的調味粉包倒入煮開。

2 接著將麵體及年糕放進去煮軟。

3 放入豆芽菜煮熟。

4 最後將所有材料入鍋滾一下，撒上蔥花後簡易的韓式部隊鍋即可上桌。

冰箱的料理物語——第五話

開始，一個人好好生活

就算看電影的時候，旁邊有空位，
就算吃飯的時候，對面沒有人，
就算有時候，有一點點寂寞……
但是在廚房裡，
全神貫注地洗菜、切菜，
將食材下鍋，冒出熱騰騰的溫暖白煙，
不知不覺就能讓自己靜下心來；
填飽肚子以後，遺忘不開心的事，
然後告訴自己，
從現在開始，一個人要好好地生活喔！

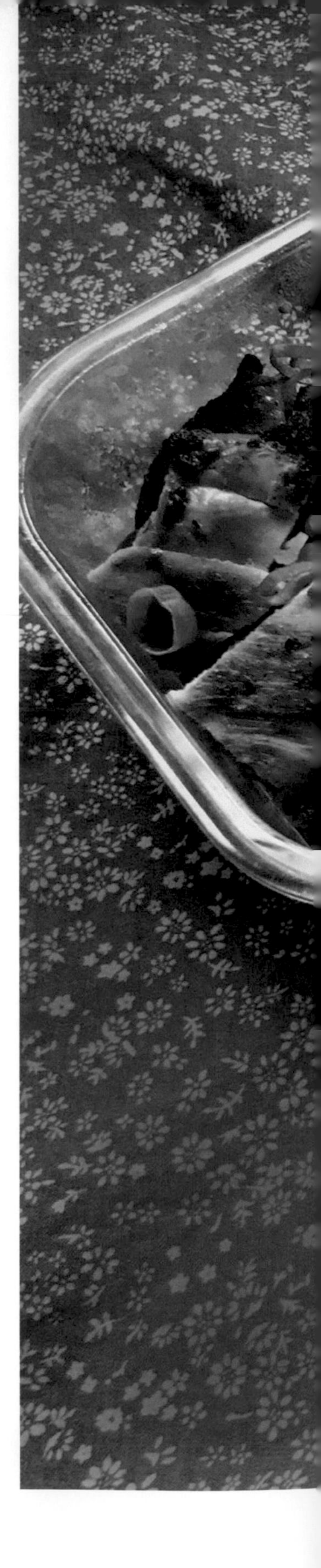

電冰箱的一週菜單推薦

	週一	週二	週三	週四
午餐	外食			
晚餐	涼拌大頭菜（p.142） 大力水手培根（p.114） 韓國馬鈴薯排骨湯（p.28）	梅汁苦瓜漬（p.134） 爌肉豬腳（p.40） 生炒花枝（p.90）	四季豆蒼蠅頭（p.137） 鹽水雞（p.84） 蛋炒飯（p.152）	洋蔥炒蛋（p.120） 佃煮馬鈴薯佐小卷乾（p.94） 牛丼（p.50）

以本書72道料理來排列組合搭配，其實可以做出不少用餐規畫。考量一般上班族午餐多是外食，所以週一至週五僅提供晚餐組合，週末兩天則包含午、晚兩餐，全部一共9餐的菜單內容供各位參考。原則上一個人吃飯，以一份小菜及主菜來搭配一道湯品為主。當然，像炒飯這種主食類，就以一份主食搭配小菜即可。

週五		週六	週日
	午餐	和風醬油漬金針菇（p.138） 蒸蛋（p.124） 牛排炒烏龍（p.158）	雪菜肉絲炒豆干（p.144） 韓式炸雞（p.76） 綜合海鮮粥（p.156）
開陽花菇炒白菜（p.141） 蚵仔烘蛋（p.128） 花菇雞湯（p.85）	晚餐	蘑菇炒德國香腸（p.140） 番茄紅燒牛肉（p.56）	韓式熱拌香菇甜豆（p.148） 韓式部隊鍋（p.161）

新手必學的簡單料理

1 200 道健康咖哩輕鬆做：
濃郁湯品╳辛香料沙拉╳開胃小點╳美味主食

蘇尼爾・維查耶納伽爾（Sunil Vijayakar）著／陳愛麗 譯／定價350元

多國咖哩料理製作、醬汁與食材的搭配，烹煮撇步，不藏私大公開！製作香味四溢的辛香料咖哩好easy，五星級異國美味健康上桌！

2 200 道義大利麵料理輕鬆做：
溫暖湯品╳簡易沙拉╳美味麵食

瑪莉雅・芮奇（Maria Ricci）著／謝映如 譯／定價350元

義大利麵製作、醬汁搭配、烹煮撇步不藏私大公開！義式料理好easy，五星級異國美味輕鬆上桌！

3 鑄鐵鍋の新手聖經：
開鍋養鍋╳煲湯沙拉╳飯麵主餐＝許你一鍋的幸福

陳秉文 著／楊志雄 攝影／定價380元

教你從最簡單的白飯開始做，煎煮烤炸燜熬的基本技巧，沙拉、湯品、麵飯到各種肉品的料理訣竅，自製9種基本醬汁，就能變化出40種美味，詳盡的步驟圖解，原來用鑄鐵鍋做菜一點也不難。

4 晚餐與便當一次搞定：
1 次煮 2 餐的日式常備菜

古靄茵 著／定價390元

今天的晚餐、明日的便當，一次完成2餐不同的和風料理！運用雞、豬、牛、海鮮、蔬菜等各種食材，變化出豐富美味的和風家常料理及常備菜，輕鬆做出每一天的晚餐與便當。

5 15 分鐘！教你做出主廚級義式主食料理：
60 道義大利麵與燉飯美味大公開

黃佳祥 著／楊志雄 攝影／定價380元

16國經典醬汁╳53種食材，中式、台式宮保醬、三杯醬，日式、泰式打拋醬、青咖哩醬，歐式、中東香料，德國肉桂蘋果醬、酸奶薑黃醬……。Step by step，美味輕鬆上桌。

6 Let's picnic! 野餐料理用容器輕鬆做：
玻璃罐、保鮮盒、紙杯、小鑄鐵鍋，40 道料理輕鬆帶著走

郭馥瑢（咚咚）著／楊志雄 攝影／定價330元

好天氣，辦一場野餐party吧！用最適合的容器，做繽紛可口的美食，玻璃罐料理╳盒料理╳杯料理╳小鍋料理，將40道美味帶著走，享受野餐好食光！

環遊世界的異國料理

1 So delicious! 學做異國料理的第一本書：
日式．韓式．泰式．義大利．中東．西班牙．西餐，一次學會七大主題料理

李香芳、林幸香等 著／定價480元

從基本的食材認識、高湯熬煮，到進階的120道食譜，風味道地且具代表性，Step by step，初學者也能做出大廚級美味！

2 蘿拉老師的泰國家常菜：
家常主菜╳常備醬料╳街頭小食，70 道輕鬆上桌！

蘿拉老師 著／林韋言 攝影／定價380元

泰式料理達人──蘿拉老師，親授70道泰國經典家常菜，從主食到甜點，從食材採購祕訣到烹調撇步，教你不瞎忙就能做出道地泰式味。

3 巴黎日常料理：
法國媽媽的美味私房菜 48 道

殿 真理子 著／程馨頤 譯／定價300元

法式鹹可麗餅、甜蜜杏桃塔、普羅旺斯燉鮮蔬、鑲烤番茄盅……，巴黎人最愛的家庭料理，法國媽媽的果醬祕方、釀鮮蔬撇步，讓你在家也能享受巴黎的幸福滋味！

4 印度料理初學者的第一本書：
印度籍主廚奈爾善己教你做 70 道印度家常料理

奈爾善己 著／陳柏瑤 譯／定價320元

日本超人氣印度料理老店，傳家食譜不藏私公開！掌握基本3步驟，從南北咖哩、配菜到米飯麵包、甜點……，文字步驟配詳盡照片。日本亞馬遜讀者5顆星好評，連印度人都說好吃！

5 惠子老師的日本家庭料理：
100 道日本家庭餐桌上的溫暖好味

大原惠子 著／楊志雄 攝影／定價450元

大原惠子來台定居十多年，對她來說，在廚房重溫媽媽的手藝，就是治療鄉愁的良藥。透過30種套餐、100道日式家庭料理，惠子老師與你分享屬於日式的幸福滋味。

6 Paco 上菜：
西班牙美味家常料理

Mr. Paco 著／定價340元

Mr. Paco說，台灣是他的家，西班牙是他的故鄉。他愛台灣，也難忘西班牙的味道，想將西班牙的味道，帶給台灣的大家，西班牙是什麼味道呢？且看Mr. Paco幫你上菜！

溫暖甜蜜的烘焙料理

1 手揉麵包，第一次做就成功！基本吐司╳料理麵包╳雜糧養生╳傳統台式麵包

鄭惠文、許正忠 著／楊志雄 攝影／定價380元

初學者一學就會的50款手揉麵包！直接法╳三大麵種╳綜合麵種運用，學會基本揉麵，備好簡易的烘焙工具，輕鬆做出美味的手作麵包！

2 一顆蘋果做麵包：50 款天然酵母麵包美味出爐

橫森 あき子（Akiko Yokomori） 著／陳柏瑤 譯／定價290元

由蘋果所發酵的酵母，以裸麥、全麥麵粉烘焙出的麵包，少了人工添加物的香精味，多了自然健康的麥香，全書50款自然風味的鄉村麵包，手作的天然酵母麵包，享受美味天然的滋味。

3 麵包職人的烘焙廚房：50 款經典歐法麵包零失敗

陳共銘 著／楊志雄 攝影／定價330元

50款經典歐、法、台式麵包，樹枝麵包、裸麥麵包、羅勒拖鞋、橙香吐司……等，從酵母的培養，到麵種的製作，直接法、中種法、液種法與湯種法等，超過500張步驟圖，教你做出職人級的美味麵包。

4 75 款零負擔天然發酵麵包與餅乾

金智妍 著／邱淑怡 譯／定價450元

一個「藍帶」家庭主婦教您，親手烘焙出天然發酵的麵包與餅乾，不含任何化學添加物、反式脂肪酸，健康又美味，兼顧胃腸與味蕾。

5 零負擔甜點：戚風蛋糕、舒芙蕾、輕乳酪、天使蛋糕、磅蛋糕……7 大類輕口感一次學會

賴曉梅、鄭羽真 著／楊志雄 攝影／定價380元

「好想吃沒有鮮奶油的蛋糕。」吃完蛋糕，總是留下一團奶油？為了健康又想品嘗蛋糕，或是單純不愛吃乳製品的你，甜點達人不藏私與你分享。

6 媽媽教我做的糕點：派塔╳蛋糕╳小點心，重溫兒時的好味道

賈漢生、丁松筠 著／定價380元

丁松筠神父從小吃到大，媽媽的好手藝做出來的幸福糕點。不添加色素！不使用人造奶油！由喜愛烘焙的賈漢生根據食譜調整用糖分量，重新製作糕點，分享這份愛與幸福。

豐盛美味的西餐料理

1 西餐大師 - 新手也能變大廚（修訂版）

許宏寓、賴曉梅 著／定價565元

學好西式料理的第一本書！從基礎的刀工、烹煮方式、認識選購食材入門，從開胃菜、湯品、沙拉、主菜到甜點，step by step，全書詳盡的圖解說明，讓新手也能變大廚！

2 五星級西餐的第一堂課：
60 道經典料理

王為平 著／楊志雄 攝影／定價580元

西餐料理初學者的必備寶典，一切從料理的根本開始，簡單學會熬煮的關鍵技巧！60道大師級的料理祕訣，通通傳授給你！

3 五星級西餐廚藝課：
50 道結合創意與經典的美味食譜

王為平 著／楊志雄 攝影／定價500元

五星級西餐開課了！這次帶來進階版的50道創意經典料理，變化出更美味豐富的前菜、沙拉、湯品、主菜，一次滿足你的味蕾！

4 廚房聖經：
每個廚師都該知道的知識

亞瑟・勒・凱斯納（Arthur Le Caisne）著／林雅芬 譯／定價450元

70道經典料理食譜，300多張詳細圖解。從進廚房前食材、工具、鍋具的準備，到在廚房裡的各種料理知識，所有你必須知道關於烹飪的關鍵細節，本書全部告訴你。

5 西餐大師：
在家做出 100 道主廚級的豪華料理

許宏寓、賴曉梅 著／定價649元

從基本醬汁、配菜、小吃、三明治、開胃菜、湯品、沙拉到主菜等，80道主廚推薦的西餐料理，20款最受歡迎的超人氣甜點，超過1000張的步驟圖，在家輕鬆做出五星級豪華料理。

6 廚藝學校：
跟著大廚做法國菜（精裝）

梅蘭妮・馬汀（Mélanie Martin）著／茱莉・梅查麗（Julie Méchali）攝影
林雅芬 譯／定價750元

到餐廳吃法國菜不稀奇，在家做法國菜才叫人刮目相看。本書提供你招待賓客的絕妙點子，快衝進廚房，享受烹飪的樂趣吧！

金蘭
KIMLAN
SINCE1936
金蘭
Since 1936
便利
滷味醬
不含蔥蒜
便利滷味醬
由多種中藥熬煮，獨家比例 清香不死鹹，
梨子清甜香氣，帶出滷味鮮甜口感，
獨家金蘭純釀造非基因改造醬油，容易入味
讓您簡易好上手，簡單滷出厲害的滷肉。

親愛的讀者：

感謝您購買《一人餐桌：從主餐到配菜，72 道一人份剛剛好的省時料理》一書，為感謝您對本書的支持與愛護，只要填妥本回函，並寄回本社，即可成為三友圖書會員，將定期提供新書資訊及各種優惠給您。

姓名＿＿＿＿＿＿＿＿＿＿ 出生年月日＿＿＿＿＿＿＿＿＿＿

電話＿＿＿＿＿＿＿＿＿＿ E-mail＿＿＿＿＿＿＿＿＿＿

通訊地址＿＿＿＿＿＿＿＿＿＿

臉書帳號＿＿＿＿＿＿＿＿＿＿

部落格名稱＿＿＿＿＿＿＿＿＿＿

1 年齡

□ 18 歲以下 □ 19 歲～ 25 歲 □ 26 歲～ 35 歲 □ 36 歲～ 45 歲 □ 46 歲～ 55 歲
□ 56 歲～ 65 歲 □ 66 歲～ 75 歲 □ 76 歲～ 85 歲 □ 86 歲以上

2 職業

□軍公教 □工 □商 □自由業 □服務業 □農林漁牧業 □家管 □學生
□其他＿＿＿＿＿＿＿＿＿＿

3 您從何處購得本書？

□博客來 □金石堂網書 □讀冊 □誠品網書 □其他＿＿＿＿＿＿＿＿
□實體書店＿＿＿＿＿＿＿＿＿＿

4 您從何處得知本書？

□博客來 □金石堂網書 □讀冊 □誠品網書 □其他＿＿＿＿＿＿＿＿
□實體書店＿＿＿＿＿＿＿＿ □ FB（三友圖書 - 微胖男女編輯社）
□好好刊（雙月刊） □朋友推薦 □廣播媒體

5 您購買本書的因素有哪些？（可複選）

□作者 □內容 □圖片 □版面編排 □其他＿＿＿＿＿＿＿＿

6 您覺得本書的封面設計如何？

□非常滿意 □滿意 □普通 □很差 □其他＿＿＿＿＿＿＿＿

7 非常感謝您購買此書，您還對哪些主題有興趣？（可複選）

□中西食譜 □點心烘焙 □飲品類 □旅遊 □養生保健 □瘦身美妝 □手作 □寵物
□商業理財 □心靈療癒 □小說 □其他＿＿＿＿＿＿＿＿

8 您每個月的購書預算為多少金額？

□ 1,000 元以下 □ 1,001 ～ 2,000 元 □ 2,001 ～ 3,000 元 □ 3,001 ～ 4,000 元
□ 4,001 ～ 5,000 元 □ 5,001 元以上

9 若出版的書籍搭配贈品活動，您比較喜歡哪一類型的贈品？（可選 2 種）

□食品調味類 □鍋具類 □家電用品類 □書籍類 □生活用品類 □ DIY 手作類
□交通票券類 □展演活動票券類 □其他＿＿＿＿＿＿＿＿

10 您認為本書尚需改進之處？以及對我們的意見？

＿＿＿＿＿＿＿＿＿＿＿＿＿＿＿＿＿＿＿＿

感謝您的填寫，

您寶貴的建議是我們進步的動力！

【黏貼處】對折後寄回，謝謝。